グローバル時代の食と農 2

国境を越える農民運動

世界を変える草の根のダイナミクス

ICAS日本語シリーズ監修チーム 監修
マーク・エデルマン／サトゥルニーノ・ボラス・Jr. 著
舩田クラーセンさやか 監訳
岡田ロマンアルカラ佳奈 訳

明石書店

Political Dynamics of Transnational Agrarian Movements
by Marc Edelman and Saturnino M. Borras, Jr.

© Marc Edelman and Saturnino M. Borras, Jr., 2016

All rights reserved

「グローバル時代の食と農」シリーズの刊行にあたって

　私たちの食生活は、世界中から集められた「美しい」食材で溢れている。しかし皮肉なことに、これらの食材は、だれがどのように生産したのかが分からないために、不安とよそよそしさを生み出してもいる。そこで改めて、食と農、さらにはその基になっている自然と地域社会を見直そうという機運がかつてなく高まっている。そのことは、この数年間で私立大学に農学部およびそれに類する学部が相次いで開設されたことによく示されている。また地方大学では、農業や地域産業を含む地域立脚・地域志向型学部（地域協働学部や地域創成学部など）への再編を行ったところも少なくない。

　しかし、こと日本の農業について語るときには常に過疎化、高齢化、後継者不足という、ステレオタイプの理解がつきまとっている。この理解は、今のままでは日本農業に未来がないので、大胆な改革が必要であるという言い分につながる。この言い分は、コスト競争力を強化し、農産物をどんどん輸出して「儲かる農業」に変えていくことを求める。中小規模の「農家」が多数を占める、現在のような日本農業ではダメで、少数の大規模家族経営や法人経営のような効率的「農業経営体」を育成しなければならない。これからはICT（情報通信技術）やロボットを駆使する最先端の農業を行える「農業経営体」だけが世界規模の大競争に勝ち抜き、生き残っていける。このような情報技術を使うアグリカルチャー4.0の時代に対応できない中小規模の農家や高齢経営者には「退場」してもらうしかない。

　こうした効率優先、利益第一、市場万能、競争礼賛の考え方は、まさに新自由主義的な経済思想にほかならない。この経済思想は、生命と自然を大事にする地域密着の農業から利益優先の農業・食料システムへの転換を図っている。しかし、本当にそれで私たちは幸せになれるのだろうか。翻って、日本から目を転じたときに、世界の農業もまた新自由主義的な方向性に覆いつくされているのだろうか。世界的な視野から日本の農業を見直すと、ステレオタイプの言説に囚われた理解を乗り越えて、新しい視野を獲得することができるのではないだろうか。

　この問題を考えるうえで、「グローバル時代の食と農」シリーズ（原書版シ

リーズ名 Agrarian Change and Peasant Studies Series）はとても有益な示唆を与えてくれる。本シリーズは、効率性や市場万能主義が跋扈しているかに見える世界の農業とそれを取り巻く研究が、「だれ一人取り残さない」視野に立脚し、新自由主義とは大きく異なるパースペクティブを持っていることを教えてくれる。食と農は人間の生命と生活の根源に深くかかわっているし、農の営みが行われる農村空間は社会的にも景観的にも経済にとどまらない多彩な意味を持つからである。

確かに、新自由主義的なグローバリゼーションが深化していく中で、農業とそれを取り巻く社会関係は大きな変容を迫られてきた。しかし私たちは、その変容がもたらす意味についてきちんと考えてはこなかったように思う。また、この変容の中で農民がどのように生きているのか、農民たちが世界中の農民と連帯し、またNGOなどの市民社会組織、さらには国際機関と連携を強めていることに無関心であったように思う。本シリーズによって、私たちは日本からの視点だけでは見えにくい農の全体性をしっかり理解できるだろう。

このシリーズは、国際的な研究者ネットワークであるICAS（Initiatives in Critical Agrarian Studies）に集まった世界でもトップクラスの研究者による書き下ろしのAgrarian Change and Peasant Studies Seriesを翻訳したものである。本シリーズは、ICASのイニシアティブをとり、また農と食に関する国際的学術誌として名高いJPS（*Journal of Peasant Studies*）の編集長でもあるサトゥルニーノ（ジュン）・ボラス・ジュニア教授の発案によるところが大きい。

ここで、本シリーズを日本語訳として読者に提供できるようになった経緯を少し振り返っておきたい。ジュン・ボラスから監修チームの一員である舩田クラーセンさやかに、本シリーズの日本語版出版の打診があったのは2014年のことである。その後、同じく監修チームの池上甲一が舩田からの連絡を受け、2015年6月にタイのチェンマイで開かれたランドグラブの国際会議（Land Grabbing: Perspectives from East and Southeast Asia）でジュン・ボラスと会うことにした。池上は初めての出会いだったが、会場の片隅で話をするうちに飾らない人柄と熱情に魅かれ、また彼の考えにシンパシーを感じるようになった。本シリーズを日本で紹介することは意味があることは承知していたが、改めてその意義を確認し、なんとか彼の希望を実現したいと考えるようになった。とはいえ、日本の出版状況はたいへん厳しいので、道は遠いことを覚悟しなければならなかった。帰国後に、出版社と交渉する一方で、通称ランドグラブ科研（ア

グリフードレジーム再編下における海外農業投資と投資国責任に関する国際比較研究、研究代表者：久野秀二、2013年度～2015年度）のメンバーと相談し、この科研のまとめとして予定している国際シンポジウムに招聘して、より詰めた相談をすることにした。シンポジウム後に京都大学で、監修者チームのメンバーがジュン・ボラスと打ち合わせを行い、大まかな方針を確定した。その後、若干の時間が必要だったが、本シリーズを日本の読者に届けられるようになったのはうれしい限りである。

　本シリーズはすでに多数の言語に翻訳され、それぞれの文化圏で高い評価を得ている。今回、明石書店から日本語版を刊行できることとなり、お礼を申し上げたい。おかげで、遅ればせながら日本でも世界最高水準の研究に接することができるようになった。

　新しい方向性や羅針盤を探している農民や農業関係者はもとより、農や食に関心のある学生や研究者、開発援助にかかわる実務家や市民社会組織、一般社会人にも本シリーズを手に取ってもらい、多くの刺激を得てほしい。

ICAS 日本語シリーズ監修チーム一同

日本の読者へのメッセージ

　日本の読者に、本書『国境を越える農民運動——世界を変える草の根のダイナミクス』を届けられることを、とても光栄に思う。

　日本の歴史は、本書で触れる物語と、いくつかの重要なポイントで交差する。たとえば、1920年代における片山潜の世界的な役割や、第二次世界大戦後に日本で実施された政府主導の再分配型農地改革、そして近年の政府開発援助（ODA）の主要拠出国としての台頭などである。

　しかし、日本の農に関わる多様な組織や社会運動の国際的な側面については、今後より深い研究が不可欠となっている。そのような研究に取り組みたいと思う研究者に対して、この小さい本がわずかなりとも有益な概念や手法を提供できることを願っている。

　日本は歴史的に、高いレベルの保護主義を農業分野において実現してきた。世界の他の地域では、市場の過酷な圧力が小農や小規模農家の暮らしを直撃し激変させ、ときに小農層を縮小させてきたが、日本はこの圧力からある程度距離を保つことができた。しかし、近年強力に推し進められる貿易協定——特に環太平洋パートナーシップ協定（TPP）——は、市場開放への圧力を強め、この流れに抵抗する日本の農民組織や市民社会も越えがたい限界に直面するようになっている。また、農業人口の高齢化や地方から都市への人口移動など、本書で取り上げる多くの問題は、世界の他の地域と同様、日本にとっても関係の深い問題である。

　日本や海外で活動する日本の学生、アクティビスト（活動家）、研究者、開発実務者、政策立案者、そして社会正義のために尽力する人にとって、本書が刺激的で役立つものになるとすれば、これ以上の喜びはないだろう。

　最後に、私たちを励まし続け、本シリーズの日本での刊行をコーディネートし、本書の翻訳監修をしてくれた舩田クラーセンさやか博士、そして注意深く翻訳してくれた岡田ロマンアルカラ佳奈氏に深い感謝を述べたい。

　2018年9月、ニューヨークとハーグにて

マーク・エデルマン
サトゥルニーノ・ボラス・Jr.

謝　辞

　この小さい本は、私たちの長年にわたる農民運動に関する研究と、農民運動組織との（また、近年は著者どうしの）協働の結晶である。この本を執筆するうえで、インスピレーションやサポート、重要な洞察を与えてくれた農民運動とアクティビストの仲間の数はあまりに多く、ここですべての名前を挙げることはできない。彼らは多くの仲間や学生とともに、セミナーや学会、偶発的な会話、私たちの著作への批判を通して、私たちの分析を磨き上げる手伝いをしてくれた。支えてくれたすべての人びとに、心からのお礼と感謝の気持ちを伝えたい。

　また、長年にわたって研究と執筆を支えてくれた以下の組織にも感謝したい。エデルマンの研究を支えてくれたウェナー＝グレン財団（Wenner-Gren Foundation）、全米科学財団（US National Science Foundation）、米国哲学協会（American Philosophical Society）、PSC-CUNY研究奨学プログラム、そしてニューヨーク市立大学大学院センター（CUNY Graduate Center）のフィランソロピーと市民社会センター（Center on Philanthropy and Civil Society）および応用共同研究（Advanced Research Collaborative）に感謝を捧げる。ボラスはトランスナショナル研究所（Transnational Institute: TNI）、開発協力のための教会間組織（Inter-Church Organization for Development Cooperation: ICCO）、そして社会科学国際研究所（International Institute of Social Studies: ISS）の資源・環境・人口に関する政治経済学研究グループ（Political Economy of Resources, Environment and Population: PER Research Group）に感謝を捧げる。

国境を越える農民運動
世界を変える草の根のダイナミクス
目　次

「グローバル時代の食と農」シリーズの刊行にあたって　3
日本の読者へのメッセージ　6
謝　辞　7

序　章　国境を越える農民運動を
　　　　　理解するための枠組み ……………………… 13

第1章　国境を越える農民運動の歴史と多様性 ………… 23
　　歴史的前例　24
　　栄光の30年？　36
　　20世紀後半における小農の闘争　40
　　TAMと新自由主義の台頭　41

第2章　国境を越える農民運動内の多様性：
　　　　階級、アイデンティティ、
　　　　イデオロギーをめぐる競争 ……………………… 45
　　農民層分解に関する議論と「中農」　45
　　社会階級分化　49
　　TAM内部の階級政治　53
　　ビア・カンペシーナにおける農地問題と「門番役」　53
　　その他のアイデンティティ政治　58
　　イデオロギーの違い　63
　　イデオロギー分裂によるコスト　65
　　結　論　66

第3章　国境を越える農民運動間の階級、アイデンティティ、イデオロギーの違い …67

農民層分解とアイデンティティ政治　69
イデオロギー　80
結　論　90

第4章　国境を越える農民運動の活動領域：国際、全国、ローカルレベルをつなぐ …93

異なるレベルのニーズに対するバランス　94
抗議活動のレパートリーと手法の拡散　96
農に関する知識・知恵の普及と構築　98
リーダーシップをめぐるダイナミクス　99
「代表権」の二つの意味　101

第5章　「私たちを抜きにして私たちのことを語るな」：TAMとNGO、援助機関 …107

TAMとNGO　110
TAMと非政府系援助機関　114
TAM、NGO、非政府系援助機関の緊張と矛盾　116
変化するグローバルな援助複合体とその影響　120
結論：組織形態を越えた対立と協働の関係　127

第6章　国境を越える農民運動と国際機関 …129

新自由主義、国民国家、そして市民社会の台頭　130
制度的空間　135
同盟者　143
働きかけの対象と対抗相手　146
分裂と対立、TAMと国際機関の関係　147
結　論　149

第7章　これからの挑戦 …………………………………… 151

原　註　159
組織の名称と略称　163
訳者解説　171
参考文献　181

【凡例】
・著者による註は註番号を付し巻末に、訳者による註は〔　〕で本文中に、もしくは＊、†を付し各頁の下欄に示した。

序　章
国境を越える農民運動を
理解するための枠組み

　国境を越える農民運動（transnational agrarian movements: TAM）とは、一国内あるいは世界規模の政策に影響を及ぼすことを目的とした、農民や小農（peasant）[*]、それらの支持者による、国境を越えた組織やネットワーク、連合、連帯網のことである[1]。TAM——なかでも近年のラディカル（革新的）な運動——は、国際開発の分野で専門用語や議論、実践の枠組みに新しい視点をもたらしてきた。

　TAMの活動領域は幅広い。環境問題をはじめ、サステナビリティ（持続可能性）、気候変動、農地に関する権利、再配分型の農地改革、食の主権（食料主権）[**]、新自由主義経済と国際貿易ルール、企業による作物遺伝子情報やその他の農業技術の支配、小農の人権、ジェンダーの公正まで多岐にわたる。そのため、これらの問題に関心を寄せる政策立案者や研究者、アクティビスト（活動家）[†]、開発実務者にとって、TAMとその影響力について理解することは非常に重要になっている。また、TAMを理解することは、上記のテーマ間、あるいは各テーマと「より大きなシステム」との関係性を把握する手助けにもなるだろう。

---

[*] 本書では「小農（peasant）」と「農民（farmer）」が使い分けられているが、それぞれの定義は示されていない。全体の文脈から、後者はより資本主義的な農業に関与する度合いが高い農家を想定していることがうかがえる。それを念頭におきつつ、small-scale farmerを「小規模農家」と訳す。ただし組織名については、定訳が「農民」となっている場合、peasantが使われていても例外的に「農民」を使用する。

[**] food sovereigntyの訳語として、当初は「食糧主権」、その後「食料主権」が使われ、一定程度定着してきた。しかし、この概念を生み出し、推進してきた農民運動やフードムーブメントの「food」に込めた複合的な意味をふまえると、「食料」よりも「食」とすべきと考える。そこで本書では「食の主権」という訳語を使用する。「食の」とすることで日本語としての納まりが悪い点については、「食に関する…」「食をめぐる…」なども検討されたが、煩雑になるため「食の主権」とした。

図表1　世界の農業人口、農村人口および農業従事人口、2013年

	× 1000人	世界人口に占める割合
世界人口	7,130,012	100%
農業人口	2,621,360	37%
農村人口	3,445,843	48%
農業分野の経済活動人口	1,320,181	19%

出典：国連食糧農業機関 FAO Faostat データベース、2013年6月21日
農業就業人口には、これを超える数の非労働者を扶養する世帯主も含まれる。

　ここで、読者と確認しておきたい事実がある。それは、人類史上いずれの時代よりも多い数の小農が、いま現在世界に暮らしているという点である（Van der Ploeg 2008）。この指摘に対し、研究者や農業分野のアクティビストは、「小農」の定義やこのカテゴリー（分類枠組み）の有用性について活発な議論を求めるかもしれない。しかし、定義上の曖昧さは残るものの、図表1のデータにもとづけば、小農は世界人口の5分の2近くを占めることになる。もちろん、都市化や工業化の影響は世界人口に対する小農の割合を確実に減少させているが、絶対数としての小農は依然として大きな人口集団であり続けている。　本書を通して最も強調したい点がある。これまで長い間、エリート層や都市の住民は、農村の貧しい人びとのことを「時代遅れ」の「効率的ではなく」、「視野の狭い」者として見下してきた。しかし、いまや小農は国境を越えるほど大きな組織を形成することに成功しており、歴史上の重要なアクターとして立ち現れているという点である。

　本書は、歴史的時間と地理的空間を超えた国境を越える農民運動の多様性について分析するものである。その際、TAMの国際的認知度を高める役割を果たした過去の食料・農業危機のほか、TAM内部、TAM間、さらにTAMと非政府組織（NGO）や国内・国際的なガバナンス（統治）機構[‡]の間の政治的ダ

---

†）本書でくり返し登場する「アクティビスト（activist）」は、日本語では「活動家」を意味するが、日本語にまとわりつくイメージを超えた多様性と柔軟性、越境性を包含する。また、多元的なアイデンティティや社会的役割を持ちながら生きる人びとのことを指す。たとえば、「peasant-activist（小農アクティビスト）」などである。そこで本書では、カタカナ表記で「アクティビスト」とする。

‡）本書では「国際的なガバナンス機関（global/international governance institutions）」がたびたび登場するが、この他に「政府間機関（intergovernmental institutions）」がほぼ同義語として使用される。これには、国連機関、各リージョン（中南米やアフリカ、ヨーロッパなど）の地域統合組織も含まれる。

イナミクス（力学）などに焦点を当てる。

　なお、本書では、主としてラディカルな TAM を分析対象とするが、旧来志向の TAM（増加する人口を賄うため、工業的農業生産による食料増産を推進する運動）も取り上げる。さらに、TAM の台頭（または衰退）が、農、農業、農村、農地、農民に関する批判的研究（critical agrarian studies）[*] や社会運動論研究にどのような意味をもたらしているのかについても考察を加える。

　本書では、TAM を分析するにあたって歴史的アプローチを用いる。ただし、これは分析に長期的視点を採り入れることだけを意味するわけではない。つまり、TAM の起源を語る際に、国際貿易機関（WTO）などグローバル・ガバナンスを担う機関の影響力の増大、あるいは新自由主義下での国民国家制度の空洞化といった現象を誇大評価したり、それへの反応の部分だけに注目して終わるのではなく、各地域や各国での経験や政治文化、歴史的記憶などを、現代の国境を越えるアライアンス（同盟）[**] 形成の重要な要素としてとらえる。

　なお、「国民国家の枠を超えた連帯形成」という理念自体は、歴史上古くから存在してきた。本書の第1章で触れるように、20世紀初頭の中央ヨーロッパでは、親小農政党が「緑色インターナショナル（Green International）」を設立している。近年では、各地域の伝統に深く根ざす形で、西ヨーロッパ、中米、東南アジアなどの農民が国境を横断し、自らの組織化に取り組んできた。この動きは、次第にビア・カンペシーナ（La Via Campesina: LVC、スペイン語で「小農の道」）のような、より大きな連合体へと発展を遂げている。また、ブラジルの土地なし農民運動（Movimento dos Trabalhadores Rurais Sem Terra: MST、ポルトガル語で「土地なし農村労働者運動」）は、土地占拠運動で成功をおさめ、強力な組織をつくり上げた。以来、MST は世界の多くの社会運動にインスピレーションを

---

[*] アグラリアン（agrarian）をどう訳すべきかは難しい課題である。あえて agriculture が使われていないように、「農業」と訳すことで見えなくなる点が多いからである。英語の agrarian には、農業にとどまらず、小農と農民、農村（ただし都市との関係を含む）、農地、農法と農耕のあり方など、「農」をめぐるあらゆる概念が込められている。本書では、煩雑さを避けつつも原語に込められた意味を取りこぼさないため、「農をめぐる……」を使用する。ただし agrarian question については、日本で定訳とされる「農業問題」を使用する。

[**] 「アライアンス（alliance）」は同盟を意味するが、TAM の文脈で多用されるこの言葉は、より柔軟で幅広く多様で可変的な関係を含む。そのため、本書では「アライアンス」とカタカナで表記する。ただし、allies を「アライアンスを構築する者どうし」とすると煩雑になるため、「同盟者」を使用する。

与え、ブラジルとそれ以外の国々のアクティビストの間で数々の交流を生み出してきた。

　1990年代から先は、TAMのネットワークが統合されていった時代である。このような統合過程を通じて、従来は一地域内、あるいは一国内に限定されていた抗議手法のレパートリーや組織化の慣例が世界に拡散し、さらなる進化と変化を生み出し続けている。

　本書は、1980～90年代におけるTAMの出現と古典的な「農業問題（agrarian question）」との間に、ある関係性を見出す。19世紀後半以来、革命家と研究者——特にウラジミール・レーニン（Vladimir I. Lenin）やカール・カウツキー（Karl Kautsky）、アレクサンドル・チャヤノフ（Alexsandr V. Chayanov）——は、次の2点に注目した議論を行ってきた。1点は、資本主義が農村地域にもたらした影響。もう1点は、資本蓄積や資本主義的社会関係の完全なる発達を阻害した土地の保有形態、農業のあり方、そして既存の社会構造である（Akram-Lodhi and Kay 2010; Hussain and Tribe 1981）。本書でこれらの議論を十分に取り上げることはできない。しかし、少なくとも、多くの国で20世紀後半に生じた小農・農民運動の際立った勃興が、農業分野にみられる資本主義移行の不完全さを物語っている点については指摘しておきたい。実際、のちに国境を越えた絆をつくり出す運動を組織化したのは、大規模な工業型農業が従属させることに失敗した、あるいは根絶しようとしなかった（根絶し損ねた）小農階級や小規模農業を営む農家であった。

　近年、研究者の一部は、金融資本の役割が拡大し続けるなか、後期（晩期）資本主義下の地域では土地所有の重要性が急速に低下しているとの指摘を行っている。しかし、投資家の農地への関心はむしろ高まっていると考える。バイオ燃料や主要穀物の需要の高まりに伴うエネルギー危機や食料危機、気候変動緩和対策としての「（二酸化）炭素吸収源」の概念の形成、金融市場の変動性といった複数の現象を背景に、農地は利益を見込める投資先として、また投資リスクの回避が可能なアセットとして注目を集めている。近年の南の国々（グローバル・サウス）における「土地収奪（land grab）」の拡大や、再配分型の農地改革を求める声の高まりは、今も開発学と政治の分野において「農業問題」が中心的課題であり続けていることを示している。

　国境を越える農民運動は、分析者にとって挑戦的なテーマである。それは、TAMが社会運動論にみられる既存の分析手法の限界を示唆しているためであ

る。以下、それらの点を挙げていきたい。

　第1の点。集合行動に関する理論家、たとえば第一人者のチャールズ・ティリー（Tilly 1986: 392）によると、「社会運動」として語ることができるのは、ヨーロッパで国民国家が形成された1848年以降の運動だけだという。この視点にもとづけば、「社会運動」は主に国家への抗議運動として、あるいは抗議過程のなかで生み出されるものに限られる。つまり、1848年以前の「自衛的」な集団行動は、社会運動に含まれないことになるのである。なお、近年のグローバル・ジャスティス（正義）運動の研究でさえ、その多くは各国の内部に焦点を当てて研究を行う「方法論的ナショナリズム」に縛られている（Beck 2004; Della Porta 2007）。

　逆説的ではあるが、このように強調される「国家」の枠組みは、本書で取り上げる多くの国境を越える社会運動にとって、おそらく非常に重要な要素である。たとえば、ビア・カンペシーナのネットワークは、その大部分が各国内の全国レベルの組織によって構成されている。他方で、ビア・カンペシーナは、持続性のある公的な機関の形成を可能とする十分に自由な政治的空間を有さない地域に、その加盟組織を持つための仕組みを欠いている（中国の例）。このように、国境を越え、国家や超国家機構に対する主張を行いつつも、依然として「国家」という前提に縛られる運動について、私たちはどのように理解することが可能だろうか。

　第2の点。1980年代以降、理論家は次の違いに多くの議論を割いてきた。社会階級を基盤とする社会運動（「古い」社会運動）とアイデンティティを基盤とする社会運動（「新しい」社会運動）の違い、また「再配分のための運動」と「承認のための運動」の違いである（Calhoun 1993; Fraser 2003）。しかし、現代のTAMは、このような二元的枠組みを超越する形で存在する。彼らは古くからのアイデンティティ（あるいは刷新したアイデンティティ）を根拠として経済的主張を行いつつ、農地をはじめとする再配分と承認（十分に権利を有した市民、国民として、あるいは独自の文化集団や国際法の下での社会的弱者として）の両方を要求しているからである。

　第3の点。シドニー・タロー（Tarrow 2005）は、国内に限定される運動に比べて、国境を越える社会運動が直面する困難は手に負えないほど大きいと指摘する。特に、必要な資源（ハードだけでなくソフトも）を確保し、政治的機会に気づき、それをつかむとともに、人びとを運動に巻き込むうえで有効な政治的要

求の枠組みを形成することは容易ではないという。ただし、現実はタローが述べるよりもさらに複雑である。農民運動にとって、国境を越える同盟を構築したり、国境を越えた活動を実施することは、資源の動員や政治的機会の特定を妨げるというより、むしろそれを助ける部分が多い。つまり、国境を越えた活動はそれ自体が政治的機会である、ともとらえることができる。実際、TAMに関わる全国規模の組織のなかには、国際的連携やキャンペーンに参加することによって得られる、人的および物的資源を目当てに設立されたものもある[2]。国際活動のために、援助NGOから金銭的な支援を受けるTAMも多い。また、TAMに加盟すれば、アドボカシーNGOの知見や政治的理解から学ぶことも可能である。

　しかし、このような資源へのアクセスは、TAMにとって諸刃の剣となる場合もある。資源を獲得した運動は国際的な知名度を高めることができるかもしれないが、それにより他の運動が衰退したり、運動から一部の組織が撤退してしまうなど、逆に緊張関係や脆弱性が生まれることもあるからである。

　TAMは現代社会における最大規模の社会運動であるにもかかわらず、国境を越える社会運動を扱う研究者は（Keck and Sikkink 1998; Smith and Johnston 2002; Tarrow 2005; Della Porta 2007; Moghadam 2012; Juris and Khasnabish 2013）、農村や農民の運動であるTAMにはこれまでほとんど、あるいはまったく注目してこなかった（第3、4章参照）[3]。この背景には、おそらく「都市バイアス（偏見）」が影響していると考えられる。本書のねらいは、TAMの経験と挑戦の分析を通じて、国境を越えるアクティビズム（活動）に関する研究の枠組みを広げ、それを豊かにすることである。

　以上の点は、私たちをTAMと社会運動論に関する第4の焦点へと導いてくれる。いずれの小農組織も——国境を越える組織も、そうでない組織も——、小農自身が立ち上げ、その主体的な取り組みによって発展してきたという成立過程の独自性を強調することが多い。草の根組織のリーダーの卓越した組織化の能力と政治的想像力に敬意を払いつつも、ここで指摘しておきたいのは、現代の小農は10〜20年前の小農と比べて、性格が異なってきている点である。現代の農村アクティビストの多くは、研修プログラムや海外交流、世界的な市民社会イベント、国内あるいは国際的なガバナンス機関に参加し、視野を広げる機会を得ている。また、大学で学位を取得する小農も増えてきている。なかには農業や運動から退いて学問の道に進んだ者も少なからず存在し、研究や論

文で小農運動の主張を取り上げ、それにお墨つきを与える者もいる（Desmarais 2007）。加えて、小農運動とNGOの関係は多くの緊張を伴ってきたが、ときに両者のカテゴリーの境界は曖昧でもある。さらに、少数とはいえ、研究グループやアドボカシー系NGOとの連携は、小農運動にとって貴重な情報源や国際機関へのアクセスを可能としてきた。

　第5の点。研究者やアクティビストのなかには、市民がWTOに対抗した1990年の「シアトルでの闘い（Battle of Seattle）」を、グローバル・ジャスティス運動の起源としてとらえる者もいるが、実際にはこれよりもかなり前から、TAMは新自由主義的グローバリゼーションに対峙する闘いの最前線に立ち続けてきた。この事実に驚く人がいるとすれば、それはおそらく次の二つの誤った認識のためである。まず、前述したように、現代の小農は実に多様性に富み、高い教養を持つ者を多く含む。それにもかかわらず、北（グローバル・ノース）の都市化する世界において、小農は「素朴な田舎者」、あるいは「急速に消滅しつつある過去の遺物」として扱われがちである。

　もう一つは、組織化された労働者の役割に関するものである。1970年代後半の新自由主義的グローバリゼーションの出現以来、産業のなかには廃止されたり民営化されるものが生じた。そして公共部門が縮小し、国際競争が激しくなり、多くの国で労働組合は壊滅的な打撃を受けた。これに対し、シアトルではトラック運転手が環境アクティビストと協力し、カメに扮して大規模な抗議活動を行った。しかし、先進国、途上国を問わず、概して、労働組合は新自由主義の猛襲に抵抗し続けることができなかった。ただし、農村部での状況は違っていた。

　経済の自由化は、農村部にも破滅的な影響をもたらした。しかし、後章で詳しく述べるように、多くの農村部では資本主義の浸透が不十分であったために、人びとが運動を組織化し、レジスタンス（抵抗）を実行に移すための余力が残されていた。つまり、TAMは労働者運動が基盤として獲得することのできなかった「抗議（プロテスト）の場」をつくり出し、そこで活動を進めることができたのである。

　第6の点。TAMの事例は、社会運動論において政治経済的分析がいかに重要であるかを如実に示す。この分野の主要学術誌である *Mobilization*（動員）誌と *Social Movement Studies*（社会運動研究）誌に掲載された論文の要旨と題名を分析すれば、「資本主義」や「経済」という単語がほとんど使われず、「階

級闘争」や「階級対立」にいたってはいっさい用いられていないことがわかる（Hetland and Goodwin 2014）。本書の第1章では、TAMの台頭を支えた政治経済的文脈（特に1980年代における新自由主義的グローバリゼーションの出現とそれ以降の時代）に焦点を当てる。上記の学術誌分析を行ったヘットランドとグッドウィン（Hetland and Goodwin 2014）が指摘するように、農村運動の政治学を理解するためには、次の点の検討が不可欠であると考える。つまり、農村運動が基盤とする、あるいはそれを構成する階級（大規模商業農家、富裕な小農、小さな農地を耕す小農、土地なし労働者など）や、農民組織の内部における階級間の同盟関係である。

社会運動の支持者やリーダーを観察すれば明らかであるが、運動内で政治的立場が統一されていることはほとんどなく、運動内には「論争の領域」が複数存在する。コリン・バーカー（Colin Barker）が述べるように、「『階級闘争』は社会運動とそれが対抗しようとする相手との間だけでなく、社会運動の内部にも存在する。それぞれの考え方や組織形態、争点（の違い）はすべて、敵対者にとって戦略上の格好の材料となっているのである」（Barker 2014: 48）。

また、第2章で述べるように、農村の政治学を分析するうえで必須要素としての階級の理解に加え、人種、エスニシティ、ジェンダー、世代、ナショナリティ（国籍）、出身地や地域といったその他の社会的アイデンティティと階級が、どのように互いに関係しあっているのかの理解も不可欠である。

第7の点は、時の流れとともに起こる運動の衰退や変化、あるいは不安定な時期に関するものである。長らく社会運動の研究者は、社会運動が「抗議サイクル（protest cycles）」の影響を受けていると理解してきた。1930年代や1960年代に起きた動乱などがその例とされる（Tarrow 1994; McAdam 1995）。確かに、社会運動は「生と死」を迎えることも多い（Castells 2012）。

長らく指摘されてきたことであるが、アクティビストはしばしば自分が参加する運動に対して過度に首尾一貫した全体像を期待したり、自らの貢献を誇張することが多い。しかし、実際には農民（やその他の）組織はしばしば派閥主義によって分断されており、リーダーが出世の踏み台として組織を利用することもある（Landsberger and Hewitt 1970）。「架空の組織（fictitious organizations）」現象（Tilly 1984）や、インターネットを介したネットワーク「ドットコム運動（dot-causes）」（Anheier and Themudo 2002）を通じて、小規模な組織が実態よりも大きな存在感を示そうとする行為も、現代のTAMを研究するうえでは関連深いテー

マである。実際、本書では、TAMやそれらの運動と連携する国内組織が分裂、あるいは完全に崩壊したケースをいくつか取り上げる。本書では、農民運動の成功言説をつくり上げることよりも、運動の脆弱性や課題に関して冷静な分析を行うことを目指しているからである。

　最後に、本書で読者に少々難しい思いをさせてしまうであろう点について触れておきたい。本書は、グローバルな視点にもとづきつつも、多様なリージョン（地域）[*]の公的な形態をとる組織の網羅を目指している。もし、すべての運動や組織の正式名称をその都度表記し続ければ、私たちの「小さい本」はすぐさま分厚い本へと膨らんでしまうだろう。このような事態を避けるため、本書は全体として略称で彩られている。あるいは、「重苦しく覆われている」と表現した方がいいだろうか。略称が最初に登場する際には、正式名称を表記する（または、翻訳した名称を表記する）。読者もページを読み進めるうちに馴染みを覚えるようになるだろうが、読者は略称一覧を頻繁に活用しなければならないかもしれない。読者のみなさんがアルファベットの略称スープのなかで溺れそうになったときは、すべての略称は実在の個人と機関を表し、それぞれが独自の歴史や課題、活動、連携関係を背景に持っていることを思い出してほしい。

　また、公的な組織のみを分析対象とすることが、議論の幅を狭めてしまう可能性についても本書は自覚的である（第4章で詳述）。これは公的な枠組みの外で行われる政治活動を無視することにつながりかねない。また、社会運動のなかには、彼らが代表するはずの人びとのごく一部しか巻き込むことができていない運動も存在するという現実を、曖昧にしてしまうかもしれない。しかし、こうした問題のすべてに対応するには、この「小さい本」ではなく、さらに長い大きな本を書く必要があるだろう。

---

[*] 中南米や東南アジアといったリージョン（地域）を指す。

第1章
国境を越える農民運動の歴史と多様性

　現代の国境を越える農民運動（TAM）とネットワークは多元的で多様性に富む。多くの場合、ビア・カンペシーナ（LVC）のようによく目立ち、発信力のあるTAMばかりが注目されるが、実際には様々なTAMが存在する。多くの研究者や農業分野のアクティビストは、現代のTAMが過去の運動にない、新たな様相を帯びた現象であると指摘する。それは、現代のTAMが新自由主義的なグローバリゼーションを背景として結成されるとともに、新しい通信技術や低価格の航空運賃を活用することによって成立している部分があるためである。他方で、国際的な連帯という理念自体は、インターネットの出現よりも1世紀以上前から存在していた。その意味で、TAM自体、けっして新しいものではない。

　複数のTAMは19世紀後半から20世紀初頭にかけて、あるいは第二次世界大戦後に生まれているが、より多くの運動は1980年代から1990年代に形成されている。その他、1960〜70年代に中米とメキシコで生まれた、農民どうしが水平な立場で農業技術を伝え合う「小農から小農へ（campesino a campesino）」運動のように、農民運動やネットワークのなかには数十年の歴史を持つものもある（Boyer 2010; Bunch 1982; Holt-Giménez 2006）。また、現在活動する国境を越える運動やネットワークの多くは、1980年代初頭に新自由主義の猛襲が開始するよりも前にしっかりと形成された、国境を越えたつながりを土台としている（Edelman 2003）。たとえば1970〜80年代、植民地解放運動と途上国の反独裁運動（チリ、ニカラグア、南アフリカ、フィリピンなど）を支えるために、ヨーロッパと北アメリカで広範な連帯ネットワークが構築されたが、その一環として国境や大陸をまたぐつながりも多数形成された。

　しかし、国際的な小農や農民のアライアンス構築の起源に関しては、これよりもさらに歴史を遡らなくてはならない。過去のTAMについて知ることは、

現代の TAM の多様性と政治力学を理解する際に役立つからだ。また、場合によっては、現代の運動やネットワークが生まれた経緯について知る手がかりともなるだろう。

歴史的前例

これまで、それが過去のものでも現代のものでも、TAM は研究対象としてあまり注目されてこなかった。現代における最も重要な TAM、特にビア・カンペシーナについては、後章でより詳細な議論を行う。国境を越えた農民と農民組織間のアライアンス形成が加速化したのは 1980 年代後半であったが、このような動きは 19 世紀後半に開始した。この事実は、コンピューターとインターネット、安価な航空交通、超国家ガバナンス機関の強大化、新自由主義下における国家の弱体化といった要素のみが、国境を越える社会運動を生み出した背景ではないということを指し示している。

初期の国境を越える農民組織は、農民ポピュリズム（agrarian populism）、共産主義、エリートが牽引する改良主義、ノブレス・オブリージュ、平和主義、フェミニズムなど、多様な主義が絡み合った集団であった。1960 年代以降の「新しい社会運動」と同様、一つの運動から別の運動へと参加し続けた生涯現役のアクティビストは、過去の経験を土台にしつつ新しい主張を生み出していった。

加盟国における女性連合

これらの異なる問題（イシュー）の間、そして世代間をつなげる努力は、1920 年代後半に形成を開始した国境を越える農民・農業団体——加盟国における女性連合（Associated Country Women of the World: ACWW）——に結実していった[1]。ACWW の直接的な起源は、1888 年にワシントンで創立された国際女性協議会（International Council of Women: ICW）、そして 1890 年代にカナダで創始された後に、米国、英国、英領植民地に広まった女性研究所（Women's Institute: WI）運動のリーダーが出会ったことに遡ることができる（Davies n.d.）。ICW は奴隷解放運動、婦人参政権運動、禁酒運動に参加した北アメリカのアクティビストとその他 8 か国の代表によって設立され（Rupp 1997）[2]、WI は ICW カナダ支部のリーダーによって、州の農業指導を行う農民研究所（Farmers' Institutes）

の支援団体として創設された（Moss and Lass 1988; McNabb and Neabel 2001）。なお、農民研究所は米国にも設置されていた。

1913年に英国に移住して以来、カナダ女性研究所のマッジ・ワット（Madge Watt）は、数百にのぼる地域事務所の設立を支援し、長年ICWの会長を務めたイシュベル・ゴードン・アバディーン（Ishbel Gordon Aberdeen）の賛同を得て、国際的な連盟組織の構築への布石を打った。1929年、元英領カナダ総督を夫に持つ貴族出身のフェミニストであるアバディーンとワットは、ロンドンで23か国の女性とともに「ICW農村女性委員会」設立のための会議を開催する（Drage 1961）。同委員会は年報『世界の農村女性は何をしているか』（*What the Countrywomen of the World Are Doing*）、雑誌『カントリーの女性』（*The Countrywoman*）、そしてニューズレター『友情の輪』（*Links of Friendship*）を発行した。また、委員会に新規加盟する全国レベルの組織を募集するために、三つの言語で書かれた広報用小冊子を配布した（Meier 1958）。同委員会はその後、1933年のストックホルム会議で加盟国における女性連合（ACWW）に改称されている。

ACWWの設立初期には、英国、ベルギー、ルーマニア、ドイツ、スウェーデン出身の上流階級の女性が中心的役割を担った（2012年の段階でも、役員にマレーシア王妃などが含まれていることが確認されている）（ACWW 2012; Meier 1958; Drage 1961; London Times 1946）。1936年には、3年次大会がヨーロッパ外で初めて開催され、会場となったワシントンDCに米国人を中心とした7000人の農民女性が結集した（Meier 1958）。ACWWは、組織のオーガナイザー向けに誰でも自由に発表可能な学びの場を設けるとともに、出産や栄養問題についての学習会を開催するなどした。

ACWWは、第二次世界大戦前は国際連盟と提携していたが、戦時中は本部をロンドンから農業研究の中心地、ニューヨーク北部にあるコーネル大学に移した。第二次世界大戦が終わると、ACWWは複数の国連機関の相談役としての地位を獲得する（Meier 1958）。近年のACWWは、女性向けの小規模な収入向上プログラム（油ヤシ生産事業など）を支援するほか、国際フォーラムなどの場で女性の権利についての提言を行っている。ただし、土地、労働、環境といった課題については、十分には取り組んでいない。先進国外の女性のACWWへの参加は増え続けており、ジェンダー関連の課題に関するアプローチは以前より格段に洗練されつつある。

しかし、ACWWは依然として、英国由来のエリート主義を乗り越えられな

いでいる。ACWWの大会は未だ英語で行われており、翻訳サービスは提供されていない。この結果、現状では英語圏外からの参加者は、中流・上流階級の教育を受けた女性に限られている。なお、このような女性の大半は、農村に暮らす生産者ではなく、NGOの役員によって占められる（Edelman 2003）。ACWWの公表データによると、現在70か国以上の450団体から、900万人が同協会に加盟しているという（ACWW 2012）。

緑色インターナショナル

第一次世界大戦から10年後、中央および東ヨーロッパにおける小農の支持をめぐって、二つの競合する国際運動がしのぎを削った。後にプラハに本部が設置される農業問題を中心課題とする緑色インターナショナル（Green International）、そしてモスクワを拠点とする小農インターナショナル（Peasant International）である（Jackson 1966）[3]。戦後、ブルガリアとユーゴスラビアで農業党や小農主導の政党が政権の座についたが、チェコスロバキア、ポーランド、ルーマニア、ハンガリー、オーストリア、オランダなどの国々でも、これらの政党は大きな政治的影響力を持つに至った。農業党はそれぞれ異なるイデオロギーや指針を掲げ、その多くは内部に激しい派閥競争を抱えた。しかし、これらの党の大半は、農村地域にとって有利な取引条件を獲得し、土地の再分配を行い、伝統的な地主層の権力を打ち破ることを目指していた。後者二つの目標は共産党の掲げる目標でもあったため、ときに共産党と農業党は協力関係を結ぶこともあった。しかし、多くの場合、農業党と共産党は敵対し合う複雑な関係にあった。

この時期、もっとも強力な農業党はブルガリアに存在した。暴力と政情不安に満ちた時代を経た1919年、戦後の初選挙において、アレクサンダー・スタンボリスキー（Alexander Stamboliski）率いる農業国民同盟が勝利を収めた（Jackson 1966; Bell 1977）。スタンボリスキーは社会改革のために広範な政策を断行したが、このなかには農村貧困者を優遇する税制改革、そして大農場の小農への配分などの農地改革が含まれた。政権樹立後の4年間、農業党への有権者の支持は高まり続けた。第二政党の共産党への支持も同様であった。

スタンボリスキーは都市とその住民に敵対的なことで有名であり、折に触れてこれらを「農村の寄生虫」と呼ぶことを辞さなかった。彼の望みはブルガリアを20年以内に「農業モデル国」にすることであった（Jackson 1966; Pundeff

1992)。

　スタンボリスキーはブルガリアを統治するにあたって、農民オレンジ守備隊（Agrarian Orange Guard）——こん棒で武装した小農の民兵——を活用した。共産党や右派マケドニア民族主義者といった勢力によって政権が脅かされる際には、この守備隊を動員してこれに対峙した（Pundeff 1992）。外交政策としては、反動的な「白色インターナショナル（White International）」——王政主義者と地主によって構成された保守勢力——やボルシェビキの「赤色労働組合インターナショナル（Red International）」に対抗すべく、国際的な農業連盟を形成することによって、ポーランドやチェコスロバキア、その他の国々の農業党からの支持を確保しようとした（Colby 1921; Gianaris 1996; Alforde 2013）。

　緑色インターナショナル（The Green International）が創立されたのは、1920年のことである。この年、ブルガリア、ユーゴスラビア、オーストリア、ハンガリー、ルーマニア、オランダ、スイスの各農業党は使節団を相互派遣し、バイエルン出身の王政主義者であり物理学者でもあった農民指導者のゲオルク・ハイム（Georg Heim）博士の指導のもと、緩やかな「連盟（リーグ）」を結成した（Durantt 1920）。翌年、この連盟は国際農業局（International Agrarian Bureau）として正式に登録され、プラハに本部を設置した（Bell 1966）。

　緑色インターナショナルは、スタンボリスキーのイニシアティブによって成り立っていた部分が大きかった。ブルガリアの指導者でもあるスタンボリスキーが、様々な外交上の問題や、広範にわたる国内の反対勢力（共産党、政権に幻滅した都市部のエリート層、民族主義者、王権主義の軍事官、ソ連の内乱から逃れた「白色」難民、右派のマケドニア急進派など）への対応に追われた結果、緑色インターナショナルは設立後3年が経過しても、わずかな成果しか上げることができなかった。

　1923年、右派勢力が流血クーデターを起こし、その最中にスタンボリスキーは敵対勢力に暗殺される。これにより、その後20年以上にわたる軍と王政主義者による独裁政権の時代が到来した[4]。新政権は度重なる小農の抗議運動に素早く対処し、数週間のうちに何十人もの農業党（農業全国同盟）支持者を処刑した。クーデターの数か月後、亡命中の農業党支持者と共産主義者が同盟を結んで武装蜂起したが、この同盟関係は脆弱で短期間のものにとどまり、反乱側の死者は5000人にも上った（Pundeff 1992; Carr 1964）。

赤色農民インターナショナル

ブルガリアでの惨劇は複数の余波をもたらした。まず、1923年に共産主義（第三）インターナショナル（あるいはコミンテルン Comintern）によって、赤色農民インターナショナル（クレスティンテルン Krestintern）が設立され、農業党との強い連携関係の形成が模索された。このような流れの背景には、ソ連内や国際共産主義運動内で生じた複数の出来事が関連していた。1921年、ソ連では農業市場や小規模農場に関してより寛容な新経済政策（New Economic Policy: NEP）が導入され、ソ連史上、もっとも小農が優遇された時代が到来した。しかし、1929年にスターリンへの権力集中が決定的になり、農業の集団化と「階級としてのクラーク（kulak）の一掃」に向けた措置がとられるようになると、この方向性は幕を閉じる。

1919年、ドイツとハンガリーにおける共産主義者の蜂起が頓挫し、その翌年にソ連によるポーランド侵攻が失敗すると、失望したモスクワは、新しい革命運動が成功する可能性の高い地域として、東方に注目を寄せるようになった。しかし、当時のアジア諸国には、産業プロレタリアート（賃金労働者層）はわずかしかおらず、他方で小農の数は膨大であった。これをふまえたクレスティンテルンは、1923年の設立総会で「被植民地支配国の農業労働者」に向けた呼びかけ文を発表しているほどであった（Carr 1964: 615）。なお、クレスティンテルンの会報創刊号には、グエン・アイ・クォック（Nguyen Ai-quoc、ホーチミンのコードネーム）や片山潜（アジア圏、メキシコ、中米など広い地域で活動を行った日本人コミンテルン活動家）による記事が掲載されている（Edelman 1987）。

クレスティンテルンはわずかな数の農民運動しか巻き込めず、それらの大半を非共産系の運動が占めていた。1924年、クレスティンテルンは、ステファン・ラディッチ（Stjepan Radić）率いるクロアチア農民党（Croat Peasant Party）に加入を呼びかけ、同党は短期間ながらクレスティンテルンに加盟する。モスクワと同様、同党が、「大セルビア帝国主義の仮面」になりかねないユーゴスラビア連邦の設立に反対していたからであった（Biondich 2000: 198）。一方のラディッチもまた、クレスティンテルンへの加盟事実を利用してベオグラードに圧力をかけ、クロアチアの自治権を拡大することを目論んでいた。しかし、平和主義を掲げるラディッチにとって、ユーゴスラビアの共産主義者と手を組むことは容易ではなかった。結局、ラディッチがクレスティンテルンの活動に参加することは一度もなかった。クロアチア農民党の早期なる脱退は、すでに衰

退の一途をたどっていたクレスティンテルンの正当性を、さらに弱める結果となった（Carr 1964; Jackson 1966）。

　中国のナショナリスト政党である中国国民党（Kuomintang: KMT）もまた、中国共産党（Chinese Communist Party: CCP）との同盟関係の一環として、1920年代半ばに短期的にクレスティンテルンと関係を持った政党の一つである。国民党指導者はモスクワを訪問し、クレスティンテルンとコミンテルンの活動家と面会している。面会者には、ホーチミンのほか、毛沢東が教師役を務める中国共産党の農民運動訓練機関（Peasant Movement Training Institute: PMTI）で学ぶ大勢のベトナム人が含まれた（Quinn-Judge 2003）。しかし、この関係は、1927年に国民党が上海の共産主義者を大量殺戮したことによって断たれることとなった。この事件はソビエトの指導者を驚かせ、コミンテルンは中国共産党に武器を埋めて隠すよう指示した（Cohen 1975）。クーデター前夜のことであった。

　クレスティンテルンの活動は、コミンテルンの他の「補助組織」、たとえば赤色労働組合インターナショナル（Profintern）や革命家支援のための国際組織（International Organization for Aid to Revolutionaries〔Red Aid/MOPR〕）のような影響力を獲得することはできなかった。それでも、1925年のコミンテルン大会の後、クレスティンテルンは総会を開き、39か国から78名の派遣団を集めることに成功している。総会では、メンバーに対して、まず既存の農民組織に参加したうえで、それらの組織を共産主義に同調させるよう呼びかけた（Carr 1964）。しかし、このようなアプローチこそが、2年後に上海で大惨事を招いた原因であった。

　クレスティンテルンはいくつかの短命組織の結成に成功したものの、1920年代の終わり頃には消滅寸前の状態に追い込まれていた。とくに、ニコライ・ブハーリン（Nikolai Bukhalin）など、ソビエト党のなかでも親小農派の人物は、スターリンの描いた農村政策のビジョンに妥協せざるを得ない状況に追い詰められた。そして、これらの大半が、1930年代の大粛清によって処刑される結果となった（Cohen 1975）。

　唯一、クレスティンテルンが後世に残した功績は、モスクワの国際農業研究所（International Agrarian Institute）であった。この研究所は、国際連合食糧農業機関（FAO）の前身であり、1905年にロックフェラー財団の支援によって設置されたローマの国際農業研究所（International Institute of Agriculture: IIA）に対抗する目的で設立されている（Carr 1964; Jackson 1966）。

1920年代の「緑色」と「赤色」の対立

　実態と異なり、外部者は赤色農民インターナショナルを脆弱な組織としては見なしていなかった。1926から27年にかけて、クレスティンテルンを脅威としてとらえたライバル組織は、小農組織の国際的な調整機関を結成しようと試みた。その最初の組織は、スイス小農同盟の事務局長エルンスト・ラウル（Ernst Laur）博士によってつくられた。

　そもそもラウルは、国際連盟と深いつながりを有するローマのIIAとパリに拠点を置く国際農業委員会（International Commission of Agriculture: ICA）の合併を画策していた[5]。彼のねらいは、各国内の小農・農民組織とこれら二つの国際政策機関との結びつきを強めることにあった。しかし、その計画は早々に行き詰まる。ICAとIIAが、競合する農民組織の国際的な調整グループを別個に創設しようとしたためであった。さらに、ラウルが政府主導の大規模農地収用や政府による農業部門への介入に反対したことを受けて、彼の真のねらいに疑念を抱いた東ヨーロッパの農業党が、彼と距離を置くようになったことも影響した（Jackson 1966）。

　1926年までに、プラハの国際農業局（あるいは緑色インターナショナル）は当初の汎スラヴ主義的方針を廃止し、フランス、ルーマニア、フィンランド、その他ヨーロッパの国々の農民組織に接触を試みた。駐ギリシャおよびチェコ大使を務めたカーレル・メチージュ（Karel Mečiř）の指導のもと、緑色インターナショナルは、小農と農民が経験交流して教訓を提供し合い連帯を深める場として、あるいは小農の利益を脅かす政府に対抗する国際組織として位置づけられるようになった。しかし、緑色インターナショナルの主な活動は、多言語による季刊広報誌の発行と年次大会の開催に限られていた。メチージュの言葉を借りれば、1929年の時点で緑色インターナショナルには、「大西洋から黒海、北極海からエーゲ海に至る」地域の17政党が参加していたという（Jackson 1966: 149）。

　1929年の世界経済危機、多くの国の選挙での農業党の敗北、そしてファシズムの台頭といった出来事によって、緑色インターナショナルは活動停止へと追い込まれた。共産党は農業党に翻弄されつつも、パリのICAとローマのIIAを統合するという、緑色インターナショナルとラウルの計画を熱心に糾弾し続けた。その後、中央ヨーロッパと東ヨーロッパはますます分裂を深め、政治的空間は急速に縮小していった。小農と農民の国際的な連帯結成の目標は、第二

次世界大戦後に国際農業生産者連盟（International Federation of Agricultural Producers: IFAP）が登場するまで実現することはなかった。

国際農業生産者連盟

　国際農業生産者連盟（IFAP）が登場した時代背景には、第二次世界大戦後の国際協調を後押しする気運と、食料不足や1930年代の恐慌再来への懸念といった深刻な社会不安が存在していた。戦後の英国における食料配給は10年近く続き、ジャガイモなどの主要作物の供給はますます厳しくなっていった。これを象徴するのが、IFAPの創立を報道した『タイムズ』紙の記事である。この記事では、「チャンネル諸島からの最初のトマトの発送」などが賞賛されている（London Times 1946b）。

　1946年、英国全国農民組合はロンドンで国際会議を主宰し、これには30か国の農業従事者の代表が参加した。会議の目的は、新設されたばかりのFAOを支持するとともに、農業セクター内の農産物ごとに分かれた利益集団（たとえば、穀物農家や酪農家など）どうしの壁を克服するため、国際的な連合組織（IFAP）を設立することにあった（London Times 1946a, 1946b）。IFAPを牛耳ることになる北ヨーロッパ組織の多くは、数十年にわたり国際会議を主宰した実績があり、協同組合型の団体や20世紀初頭に設立されたキリスト教系の農民組織によって構成されていた（ICA and IFAP 1967; IFAP 1957）。これらの組織は市場の自由化に関して意見を異にすることもあったが、多くの場合、中道右派の政党を支持していた。また、第二次世界大戦前、前述のIIAと提携関係を有していた。当時IIAは農学研究や統一された統計システムの推進を行っており、国際連盟とも協力していた。FAOはこれらの経験をモデルにする形で1945年に創立され、一方のIFAPはFAOの民間部門のカウンターパート（相手方）、あるいは協力者となることが企図された。

　戦後、英国やその他のヨーロッパ諸国の農民組織、あるいはFAOやIFAPが、農業生産性の向上を最優先の責務ととらえていた背景には、ヨーロッパ中に蔓延した食料不足があった。IFAPの設立総会では、そのような状況を共有していなかったカナダなど、ヨーロッパ以外からの代表団が、「生産余剰物を効率的に分配し、余剰生産が生産者にもたらす被害を防ぐための国際的なマーケティングの仕組みと供給管理システムの構築」を求める動きもあった。しかし、当時のIFAP内では、「大量生産主義」が優勢を占めた（London Times 1946b）。

その後、この「大量生産主義」は、1980年代以降に登場したよりラディカルな農業組織の間で批判の的となり、IFAPは社会的公正や環境面での持続可能性を重視する方針に転換した。

設立当初、IFAP幹部の圧倒的多数は先進国出身者によって占められていた。彼らはFAOの会議にも政府代表団の一員として参加し、ときにFAOの政策に強い影響をもたらした（IFAP 1952a）。IFAPは国際的なガバナンス機関や北の主要な農業関連団体と深いつながりを持っていたため、南の小農・農民組織の多くの関心を集めることに成功した。また、IFAP内には、地域横断型の農産物単位のユニットが設置された。戦後数十年間、IFAPは世界最大規模の国境を越える農民運動であり続け、強い影響力を有した。しかし、ビア・カンペシーナをはじめとする、よりラディカルなグループの台頭によって、IFAPは徐々に衰退していった。最終的に、IFAPは、2010年に突如勃発した深刻な内部問題によって、解散に追い込まれる結果となった（第3章参照）。

カトリック農村成人運動国際連盟

カトリック農村成人運動国際連盟（Fédération Internationale des Mouvements d'Adultes Ruraux Catholiques: FIMARC）は1964年にポルトガルで設立され、現在ベルギーに本部を置く。FIMARCは、第2バチカン公会議で教会による社会教育、とりわけ「解放の神学」の中心的概念である「貧困者にとって恩恵のある選択肢としての社会教育」に力点が置かれるようになったことを受けて、生み出された運動であった。FIMARCと、組織内の若者によるグループ・カトリック青年農民国際運動（Mouvement International de la Jeunesse Agricole et Rurale Catholique: MIJARC）は、「農村世界とその住民、農民、漁師、先住民族と周縁化された社会集団の連帯構築のための平教徒によるカトリック運動」として自らを定義し、次の点を目標とする（FIMARC 2014b）。

> （FIMARCの目標は、）世界の農村地域における真正なる福音伝達、また尊厳ある人としての暮らしに必要な条件が剥奪される傾向にある農村住民の包括的な発展である。FIMARCに加盟するすべての運動は、性別、人種、文化、信仰など個人やコミュニティに規定されるあらゆるアイデンティティを尊重し、人びとの連帯に根ざした社会の創造を目指す（Pontifical Council 2014）。

FIMARCはアフリカ（16）、アジア（10）、ヨーロッパ（8）、中東（2）、中南米（21）に計65の加盟団体を有し、会員は150万人とされている（これはビア・カンペシーナが発表した会員数〔2014年時点で164の運動が加盟し、およそ2億人の農民を代表する〕と比べると、格段に控えめな主張である）。FIMARCの機関紙『農村世界からの声（Voice of the Rural World）』は4言語に翻訳されており、FIMARCは国連を戦略的に活用すべき国際機関と位置づけている。

　また、FIMARCは、食の主権のための国際計画委員会（International Planning Committee for Food Sovereignty: IPC）が進める「食の主権（食料主権）」やビア・カンペシーナによる「小農の権利に関する宣言（Declaration on the Rights of Peasants）」の、国連での採択に向けたキャンペーンの賛同団体でもある（第6章参照）。FIMARCは情報共有や研修活動に従事するだけでなく、農民のロビー活動やキャンペーンを通じた「市民意識の向上」を重視する（FIMARC 2014a）。FIMARCの主な活動分野は、連帯経済、フェアトレード、連帯金融、食の主権、土地争奪、人の尊厳などである。

ウーフ・ネットワーク

　ウーフ（The World Wide Opportunities on Organic Farms: WWOOF、「世界の有機農園における就農機会」の頭文字）は、はっきりとした形で政治的な活動を行う組織に焦点を当てる研究者やアクティビストからしばしば見過ごされてきたネットワークである。しかし、ウーフは農村が直面する次の二つの重要な課題に取り組んでおり、大いに注目に値する。つまり、選択肢として工業的な農業以外の農業モデルがほとんど存在しないこと、若者が農業について学び、就農するうえで多くの障壁が立ちはだかっていることである。

　当初ウーフは、都市部でオーガニック食品を求める消費者と、有機農業生産者とをつなぐことを目的として活動していた。後にウーフの活動内容は、有機農園での長期ボランティア、そしてインターンシップ・プログラムの提供へと発展していった。ウーフは英国を起点としながらも、そのネットワークをヨーロッパ、ニュージーランドへと拡大し、1985年にはカナダと米国に支部を置くようになった。ウーフは現在100以上の国にボランティア受け入れ農園を持ち、多数の国に支部が置かれている。ただし、支部のない国にも提携農園（WWOOF Independents、独立ウーフ）が存在し、多数のボランティア農民を集めている。

ウーフ・ネットワークは2000年に英国、2006年に日本、2011年に韓国で国際会議を開催した（Bunn 2011）。ウーフを取り上げた学術研究は少なく、ウーフをオルタナティブ（代替的）な観光やボランティア事業としてとらえることが多い。しかし、ウーフが小規模な有機農園に低賃金の労働力を提供することで農園の存続に貢献する一方、就農機会の少ない先進国の若者が農業に参入するための経路を提供しているという点を見逃してはならない（Hyde 2014; Yamamoto and Engelsted 2014）。多くの受け入れ農家は、ウーフを通して自身が地域社会の経済に貢献していると見なしており、これはFIMARCが支持した「連帯経済」、より広く知られる「食の主権」のビジョンを想起させる。

ウーフの頭字語の中身は、たびたび変容してきた。1971年にネットワークがロンドンで設立された際には、ウーフは「有機農園での週末労働（Working Weekends on Organic Farms）」を意味した。1980年代初頭には「有機農園での志願労働者（Willing Workers on Organic Farms）」に変更された。しかし、海外でボランティアをしようとする若いウーファー（WWOOFer、ウーフに働き手として参加する者）にとって、「労働者」という単語は各国の入国管理局で問題とされたため、現在の名称に変更された。このネットワーク名称（WWOOF）は参加者の呼び名（ウーファー〔WWOOFer〕）であると同時に、ウーフに参加することを表す動詞（ウーフ・ネットワークを通して農園で働くことを「ウーフする〔to WWOOF〕」という）でもある（Bunn 2011）。

西アフリカ小農・農業生産者組織ネットワークROPPA

1973年から74年にかけて、深刻な干ばつがサヘル地域と西アフリカを襲った。ただし、「自然災害」が完全に「自然」由来であることはまれであり、災害は時に社会運動を生み出す契機を提供してきた。実際、サヘル飢饉を引き起こした砂漠化現象は、輸出用の綿花とピーナッツの栽培により帯水層が干上がり、小農が農地を追われ、牧畜民が狭い放牧地に追い込まれたことが原因となっていた（Franke and Chasin 1980）。1973年、サヘル地域の国々はこの事態に対応するために、サヘルにおける干ばつ対策のための国家間委員会（Inter-state Committee of Struggle against Drought in the Sahel: CILSS）を結成し、北の国々は援助計画を調整するためサヘルクラブ（Club du Sahel）を設立した。一方のサヘル地域の政府はその2年後に、地域経済統合と平和維持を目的とする西アフリカ経済共同体（Economic Community of West African States: ECOWAS）を結成した

（Cissokho 2008, 2011）。

　トップダウンの地域統合過程とは対照的に、草の根レベルでは自然資源の管理や経済的および身体的サバイバル、その他の共通課題に関する議論が盛んに行われるようになっていた。1976年に国際NGOと複数のローカルNGOが支援する研修プログラムが実施されたことをきっかけに、すでに国境を越える新しい交流を進めていた各国の小農運動によって、アフリカ人小農による暫定組合（Provisional Union of African Peasants: UPPA）が結成された。この連合は短命に終わったものの、1984～85年の干ばつ再発の際には、CILSS諸国が危機対策計画に小農運動を巻き込むきっかけを提供した。1990年代半ば、ヨーロッパの援助国は各国主導による計画に代わり、リージョン単位の計画を優先して支援するようになった。西アフリカに拠点を置く組織は、国際金融機関や援助機関、各国政府と交渉するにあたって、統一の母体を必要としたため、サヘル小農プラットフォーム（Sahel Peasant Platform）を結成した。この経緯は、後述する中米協力と開発のための農民連合（Asociación Centroamericana de Organizaciones Campesinas para la Cooperación y el Desarrollo: ASOCODE）の設立経緯と同様である。1999年、サヘルクラブはサヘル小農プラットフォームの要求に応じ、西アフリカの小農運動の能力向上と交流プログラムに資金を割り当てた（Cissokho 2008, 2011; Lecomte 2008）。

　西アフリカ小農・農業生産者組織ネットワーク（Réseau des Organisations Paysannes et des Producteurs Agricoles de L'Afrique de L'Ouest / Network of Peasant and Agricultural Producers Organizations of West Africa: ROPPA）は、フランス語圏アフリカ諸国に所在する10のプラットフォームを統一する形で2000年に設立され、ブルキナファソに地域全体の事務局を設置した。その後数年以内に、ROPPAはナイジェリア、シエラレオネ、リベリア、ギニア・ビサウに広がるネットワークへと成長した。

　ROPPAは設立当初より、新自由主義的な構造調整や自由貿易、地域統合政策にきわめて批判的であった。ROPPAは食の主権を目指す運動に深く関与し、2007年にマリのニエレニで開催された食の主権世界会議に積極的に携わった。ただし、ビア・カンペシーナとは異なり（第2、3章参照）、ROPPAは世界銀行（世銀）と提携することを望み、政府や他の市民社会組織とともに三者間交渉に参加し、世銀の出資する事業に協力してきた（Chissakho 2008）。ROPPAの加盟団体は、2007年のWTOとの貿易協議に、西アフリカ地域の各国政府と地

域機関の「共同交渉者」として参加している（Lecomte 2008）。

栄光の30年？

第二次世界大戦後の30年間、1945〜1975年は「栄光の30年（les trente glorieuses）」と呼ばれ、政府主導の開発、実質賃金と生活水準の引き上げ、社会保障の拡大が志向された。しかし、実際に「栄光」の恩恵を受け取った者は少なかった。フランスの植民地や前植民地、そして南の国々では、その数は間違いなくごくわずかであったに違いない。それにもかかわらず、私たちはこの時代にノスタルジックな眼差しを投げかける。その理由は、この時代が、後の新自由主義の到来、そしてそれに能動的に対抗しようとする新世代の小農組織の台頭を内包する、より大きな構造やプロセスの源流となっているためである。

国家開発計画

ヨーロッパでの戦争が終わりに差しかかった1944年7月、米国のニューハンプシャーで、連合国政府によってブレトン＝ウッズ会議が主催された。会議では、固定為替レートと資本移動の規制に関する国際的なシステムの設置が合意され、この体制は1970年代まで維持された。その後のおよそ30年間、資本主義諸国のエコノミストと政策立案者が開発に関する議論において、政府と市場が相互補完的な役割を担うことを想定していた事実は重要である。ブレトン＝ウッズ会議の英国政府代表団長であったジョン・メイナード・ケインズ（John Maynard Keynes）は、公共事業費を景気対策と雇用創出に活用するアプローチの中心的提唱者であった。1930年代の大恐慌の際、米国をはじめとする国々で導入されたケインズ派の経済政策は、主要な資本主義経済国の経済再活性化に貢献した。しかし、それらの国々では、第二次世界大戦に備えた軍事出費も多かった。

1944年以降、ブレトン＝ウッズ会議を受けて、ケインズ派の国家開発に対するアプローチは、途上国の多くで影響力を持つようになった。この会議によって設立された機関（世銀と国際通貨基金IMF）は、他の国連専門機関と同様に、戦後のヨーロッパ復興を支える目的で設置されていた。しかし、支援対象は早い段階でヨーロッパから途上国へと変更され、政府主導の開発計画が推進された。これらの開発計画の多くは、予算の主要部分を経済分野やインフラ開

発への投資、健康保険制度、教育分野などに配分した。

　1980年以降の自由市場・緊縮財政の処方箋とは対照的に、当時の世銀とIMFは政府による経済介入に前向きな態度をとっていた。介入の主な内容は、高い関税の設定と輸入代替工業化政策の実施、為替相場の統制、投資と消費への補助金の拠出、ダム、灌漑計画、道路、港など、巨大インフラ整備計画への融資といったものであった（Helleiner 1994）。農業分野については、世銀は後述する技術の近代化、農家への買い取り価格を保証する農作物販売委員会の設置、低所得者の主食購入補助などの取り組みを推進した。

　当時、権威主義国を含む多くの国々が、公立病院や診療所、資金補助つき住宅、都市部の公務員に対する社会保険や年金制度といった、基本的な社会保障制度を整備していた。当然、このようなサービスが社会のあらゆる層に均等に提供されたわけではなかった。貧しい国々の農村部の住民への公的支援は、常に最後にまわされた。しかし、1945年から75年の時期が実際には「栄光」からかけ離れた時代であり、不十分ではあったとはいえ、戦前と比べると世界の多くの地域で生活水準の向上、そして社会的公正の面で改善がみられたことは重要である。

「緑の革命」

　1940年代後期の「緑の革命」は、その10年前に米国、カナダ、フランスなど先進工業国で起きたハイブリッド種子革命が、主として途上国へと拡張したものであった。「緑の革命」の実施機関として様々な作物ごとに研究センターが設立されたが、これらの初期投資を行ったのは、長年にわたり農業と公衆衛生に関心を示し続けたロックフェラー財団であった。このような取り組みは、今日なら「官民連携」と呼ばれるかもしれない。

　「緑の革命」推進者のねらいは、当時、飢えが蔓延していたメキシコ、インド、フィリピンといった地域で、農業分野に科学知識を応用することによって生産性を向上させ、小農による共産主義革命を防ぐことにあった。メキシコでの小麦、フィリピンでの米の品種改良プログラムは、大量の化学肥料と農薬を用いた場合にのみよい成果が得られる新規の高収量品種を生み出し、収量を上げ、飢餓人口を減らすうえでは劇的な成果を収めた。

　しかし、多くの研究によって明らかにされているように、「緑の革命」は農村における階級格差を拡大させた。新技術の恩恵に与かれたのは、主として、

すでに灌漑施設や融資、交通、技術訓練サービスなどを利用することができ、新技術をすぐさま採用することができた裕福な農家だったからである（Hewitt de Alcántara 1976）。また、農業用化学物質による汚染や公害、持続可能性を考慮しない帯水層の利用、生物遺伝子の画一化と生物多様性の損失など、「緑の革命」によって多くの環境問題が引き起こされてきた。

　トウモロコシに関しては、「緑の革命」はあまり成果をもたらさなかった。その一因として、中南米や他地域の丘陵多雨地帯に暮らす何百万人もの小規模生産者に対し、農業技術指導を行き渡らせるのが困難であったことが指摘できる（Paré 1972）。また、トウモロコシは生育過程で日照時間の影響を受けやすいため、米国で生産された交配種を中南米の種子市場に供給できなかったことも障壁となった。

　他方、小麦と米の「革命」は急速に世界各地に拡大した。メキシコで開発された小麦の品種は、インドやパキスタンのパンジャブ地方における「緑の革命」小麦ブームに貢献し、またフィリピンで開発された米の品種は、東南アジアや中南米の広い範囲に普及した。世界の多く地域で、小規模農家が在来種や伝統的な耕作技術を用いた農法を捨て、化学肥料をはじめとする「緑の革命」の技術、資材、方法論一式の要素を採り入れ始めた。

　早期にこの技術を採り入れた小規模生産者のように、新技術への依存がたとえ部分的であっても、人びとは急速に市場経済の網のなかへと組み込まれていった。高収入を得る者もあったが、多くの場合、生産者はより重い負債を負い、脆弱な立場に置かれるようになった。元来、複雑な社会的要因が重なって生じた危機的状況であったにもかかわらず、技術的な対策のみを施したことにより、かえって事態を悪化させてしまったのである。

政府主導の再分配型農地改革

　冷戦期の共産主義勢力に対する懸念や第二次世界大戦後の反植民地主義運動は、世界各地で政府主導の革新的な再分配型の農地改革を後押しした。米国政府は、戦後の日本、台湾、韓国で再分配型の農地改革を推進したが、これは反動的な地主エリート層の力を弱め、社会的緊張を緩和するためであった。この農地改革は高い関税に守られる形で実施され、東アジア3国の農村地域における中産階級の形成と、安定した国内加工品市場の創出に貢献した。これらの成功が、まずは土地所有制度の民主化に根ざし、次に国内市場の成長、工業分野

の保護政策、そして最後に輸出型工業志向といった一連の流れを伴っていた点は特筆に値する。

　中南米諸国における農地改革は、東アジアよりも地域ごとの差が大きかった。メキシコは1930年に広範な土地の再分配を実施し、ボリビアも1952年の革命後にそれにならった。キューバを起点とする革命の連鎖への懸念が最高潮に達した1961年、米国主導で「進歩のための同盟（Alliance for Progress）」がプンタ・デル・エステ会合で調印されて以来、最も保守的な独裁国を含むすべての中南米諸国で、農地改革が重要政策課題として取り上げられた（Dorner 1992; Thiesenhusen 1995）。

　しかし、多くの場合、土地の再分配は公正には行われなかった。現実には、地味の痩せた農地が提供される、あるいは遠隔の国境地帯への入植が促されるなどの措置がとられたからである。その他、政府が利用頻度の低い広大な農地を収用し、生産者の組合を組織したり、個々の小農に区画を割り当てたりしたケースもあった。ほとんどすべてのケースで、農地を分配された農家は多額の債務を背負わされた。つまり、農地改革は小農と政府を強固な社会契約で結びつける一方、小農の組織化や集団行動のあり方を規定したのである。ただし農地改革は、政府が融資や技術支援、訓練を行ったり、また灌漑や交通、加工、保存、マーケティング関連の設備といった補完的資源を十分に提供したりすることができなかった場合には、失敗することが多かった。後には、これらの補完的資源を、小農に提供する取り組み自体が廃止されてしまう。

小農組織と国家

　政府主導の農地改革の多くはトップダウン方式で実施され、膨大な行政手続きを必要とした。これには、農地改革関連機関、土地の利用権とその調査を管轄する事務局、国家開発銀行、農業技術普及サービス、保険会社、農作物販売委員会などが含まれた。このような農地改革の性質は、ある特定の方向性を持った農民組織を出現させた。これらの組織は、農民と政府との間の仲介者としての役割を担い、多くの場合コーポラティズム（協調組合主義）を志向した。つまり、農地改革による分け前を政治的に利用し、その見返りに票集めやその他の支援を求める伝統的な政党に支配されていたのである。このような組織では、長い間リーダーを務める特権層に権力や情報が集中し、メンバーの大半はほとんど声を上げることができず、上からの命令に従うことが多かった。この

ような縦型構造の組織では、小農の利益よりも政党や官僚の利益が優先され、小農が自らを主体的かつ自律的に組織し運動を進める可能性は大いに制限されていた。

　しかし、1980年代から90年代にかけて実施された公共部門の緊縮政策（構造調整計画）によって、政府や政党（与党）は以前のように、支持者への利益供与の流れを維持することができなくなった。また、たび重なる政治腐敗や汚職、緊縮政策の結果として、世界のあらゆる地域の有権者が伝統的政党への不信感を強める傾向が広がりをみせた。また、上から組織化されていた多くの小農にとって、政治的支持などの忠誠によって受け取ることができた分け前が小さくなったことも、政治家や政府の政策、組織リーダーに対する不満を高める要因となっていた。

　経済における構造調整は、農村生活者に複合的な悪い影響をもたらした。公共部門の縮小に伴い、小農に対する公的金融機関の貸付削減あるいは廃止、作物販売委員会の閉鎖、政府による農業技術普及事業や農業投入材、機材への補助金の停止などが次々と着手されていった。さらに、GATT/WTO体制に農業分野が加えられる一方、二国間貿易協定が締結された結果、一方通行ともいうべき市場開放が途上国に押しつけられた。これにより、途上国の農業従事者は、国際競争から保護された先進国の高度に資本化された農家のみならず、主要商業作物の輸出や補助金拠出を司る自国の財務省とも対峙しなければならなくなった。このような状況下で、米国がトウモロコシの生産コストを下回る価格でダンピングを行ったため、各国で農産物価格が下落し、中南米やアフリカの生産者の生活は圧迫された。また、（米国からの）人為的に価格を下げた小麦の供給によって、これらの地域の人びとの食事が伝統的な穀物を食べる生活から、パンやパスタ、安価なスナック菓子を中心としたものへと変化し、食料輸入への依存度はさらに高まっていった。

20世紀後半における小農の闘争

　「栄光の30年」の時代には、先進国や複数の中所得国で社会保障が拡充されて福祉国家が増える一方、小農を中心とする大規模な反乱が各地で生じた（Wolf 1969）。中国（1949年）、ボリビア（1952年）、そしてキューバ（1959年）で勃発した革命、ベトナム、アフリカのポルトガル植民地領、ローデシア＝ジン

バブウェにおける反植民主義・反帝国主義戦争、そしてマレーシア、フィリピン、コロンビアでのゲリラ組織の台頭といった出来事は、「小農階級は歴史上重要な存在であり、開発政策の鍵となる対象である」との共通認識を、異なる政治的立場の人びとにもたらした（Shanin 1990）。

ただし、1980年代から90年代は、多くの研究者が農村を研究対象から外した時期でもあった。カンボジアとルワンダでの虐殺、リベリアとビルマ（ミャンマー）での資源略奪戦争といった暴力行為への小農の加担、そしてコロンビアの FARC やジンバブウェの ZANU をはじめとする革命志向が強かった組織の没政治化や強権化などの「不適切な」行動は、左派の研究者や小農との連帯を重視するアクティビストを幻滅させた（Buijtenhuijs 2000）。武装闘争に対する小農や研究者のロマンチシズムが薄れていったことは、農村の暮らしを襲う脅威に対して、新しい種類の政治的アプローチを生み出す契機となった。前述のとおり、GATT ウルグアイ・ラウンド（1986〜1993年）では、史上初めて農業分野が世界貿易交渉の議題に盛り込まれたが、これは農業分野に劇的な貿易自由化がもたらされることを示唆していた。

TAM と新自由主義の台頭

1980年代の国境を越える農民運動（TAM）の創成期の背景には、IMF と世銀が後押しした緊縮政策と構造調整計画、1994年の北米自由貿易協定（NAFTA）、1995年の WTO 発足の際に合意された GATT ウルグアイ・ラウンドをはじめとする二国間・多国間貿易協定といった出来事が密接に結びついている（Edelman 2003; Heller 2013）。新自由主義的な新しい統治形態の台頭は、ケインズ主義的福祉国家、あるいはより広い意味での国家主導の開発計画に終焉を告げた。当時、小規模農家は公的支援の打ち切り、自由市場と貿易のグローバル化による立場の脆弱化という、二つの側面で脅威に直面していた。

これらの農民運動は、「地域社会に根ざしたコスモポリタン（rooted cosmopolitan）」（Tarrow 2005）によって形成された。これらの運動が目指したのは、20年間にわたって勢力を増し続けた新自由主義経済による破壊を阻むことにあった。しかし「栄光の30年」は、固定相場制や国家による資本移動の管理などを特徴とするブレトン＝ウッズ体制によって徐々に衰退し、1970年代には完全に終焉を迎えた。

かつて自由市場を提唱した急進派の人びとは「異端論者」と見なされ、まともに相手にされることがなかった。しかし不景気、スタグフレーション、原油価格の急騰、金本位制の終了、財政赤字といった状況を受けて、これらの「変わり者」は政治や政策立案に加わる余地を獲得した (Boas and Gans-Morse 2009)。多くの研究者は新自由主義台頭の発端となる出来事として、1979年の英国におけるマーガレット・サッチャーの首相就任、1980年の米国におけるロナルド・レーガンの当選、1984年のカナダにおけるブライアン・マルルーニーの首相就任を挙げるが、実際に初めて新自由主義を国家政策として採用したのは、インドネシアのスハルトやチリのピノチェトなど、第三世界の独裁者であった (French-Davis 2003; Simpson 2008)。

　「新自由主義」——1980年代に途上国や多くの進歩的な研究者やアクティビストの非難の的となったこの枠組みは、主に次の四つの要素によって構成される。(1) 自由貿易自由、(2) 投資家への保障、(3) より自由な資本の移動、そして (4) 公共部門における労働者の解雇、サービスの縮小あるいは停止、公共事業の民営化といった取り組みを通しての政府（の役割や機能）の縮小である。1980年代から90年代に新自由主義政策を採用した多くの国々では、少数の国（台湾、韓国）を除けば、経済成長率の減退、富裕層と貧困層の格差拡大、インフォーマル経済の拡大という道をたどった (Chang and Grabel 2004; Kohli 2009; Wade 2003)。農業分野では、新自由主義は極端な関税引き下げ、安価な主要農産物の輸入増加、直接的・間接的な生産者補助金の削減（欧州連合EUや米国など、例外的に柔軟な対応を容認された少数の先進国を除く）、貿易の際に非関税障壁をもたらしかねない公衆衛生や植物検疫に関する規制の簡素化といった政策を意味した。小農や農民は、世界的な新自由主義の浸透が彼らの農業と暮らしに今後及ぼす、あるいはすでに及ぼしている深刻な影響に対し、急速に組織化を進めていった。

　新自由主義はまた、生物圏 (biosphere) の商品化と私有化/民営化に拍車をかけた。作物品種の育成者権や特許を通じての植物遺伝資源の囲い込みなどはその一例であり、これにより小農や農民が何千年にもわたって交配を行ってきた種子を利用して、莫大な利益を創出することが可能となった。また、世界中のほとんどの国で種子の認証制度が整備され、種苗農家が扱うことのできる品種はますます制限されている。これは、巨大種子企業への急速で極端な権力集中を反映するとともに、そのようなプロセスの促進に加担するものであっ

た（Howard 2009）。生物圏の商品化に関するその他の例としては、森や植林地を「二酸化炭素吸収源」と見なし、その所有者に「炭素クレジット」を付与する制度などが挙げられる。

　ただし、新自由主義はけっして固定的で単一、あるいは普遍的なドクトリンではなかった。金融危機が継続していた1990年代半ば、ジュビリー2000の運動による圧力を受けた世銀とG7は、彼らが「重債務貧困国（HIPC）」と呼ぶ国々に向けた債務免除プログラムを実施した。かつて国際金融機関や多くの途上国政府において主流を占めた厳格な正統派経済学は、個々人の「潜在能力（ケイパビリティ）」を高めることに焦点を当てた（Sen 2000）、より「実用的な」新自由主義に取って代わられていった。1990年代半ばから後半にかけて、ワシントン・コンセンサスのヘゲモニーが揺らいだ時期があった。これは主要な制度設計者の一部が、構造調整が貧しい国々の経済や人びとの生活水準にもたらす影響について、厳しい批判を始めたからであった（Stiglitz 2002; Sachs 1999; Soros 2002）。

　新自由主義の波を食い止めようとした初期TAMのまとめ役（オーガナイザー）のなかには、多様な政治的立場をとる人びとが存在した。スペインのアナキスト（無政府主義者）、北欧やカナダの社会民主主義者、工業的農業に代わる農法を後押しする環境志向の小農、過去に革命運動に参加した退役軍人やアクティビスト、マルクス主義政党などがその一例である。ただし、マルクス自身は小農を革命勢力として歓迎する一方で、彼らをプチブル的個人主義者として見下すという多義的な態度をとっていた点については、留意が必要である。これらの反新自由主義的運動を構成したのは、中米の周縁化されたトウモロコシ生産者、ブラジルの土地なし（農場）占拠者、南インドの裕福な小農、カナダの大草原の機械化された農業生産を行う小麦農家など、多種多様な背景を持つ人びとであった。

　西ヨーロッパ、中米、東南アジア、西アフリカで最初に出現したTAMは、各リージョン内の国境を越えた組織的なアライアンスの形成によるものであった。カナダ全国農民同盟（Canada National Farmers Union）やブラジルの土地なし農民運動（MST）などのいくつかの国内組織は、TAMが正式に結成される前から積極的に国際的な支援活動を行い、隣国のアクティビストどうしの連帯プログラムの実施など、ネットワーク形成に尽力した。

　旧世代と比べ、新世代TAMがきわめて顕著な政治的および文化的な多様性を有している点は、重要なポイントである。これは、農民があらゆる社会層の境界を越えて、WTOや巨大種子企業、グローバルな穀物商社に対抗するとい

う、共通の目的の下に連帯したためである。実際、新世代 TAM の形成初期には、異なる国や言語集団を背景に持つアクティビストどうしの交流促進や通訳を行う、多言語話者のまとめ役が重要な役割を果たしていた。そのようなまとめ役の多くは、亡命、移住、あるいは人生におけるその他の苦難の末に、複数の言語を身につけていた[6)]。

次章以降、社会階級、文化的アイデンティティとイデオロギー、TAM どうしの関係、TAM と NGO、援助機関、国家間組織との関係といった点に焦点を当て、現代の主要な TAM の政治を分析する。なお、本書では農民運動に焦点を当てている。そのため、漁撈従事者の組織（WFF と WFFP）や牧畜民、遊牧先住民族の組織（WAMIP）などの関係者との国境を越えた連帯について、十分な説明を加えられないことをあらかじめ記しておきたい。近年、これらの運動の研究は増えてきており、大きな励みとなっている（Ratner *et al.* 2014; Sinha 2012; Upton 2014）。

第2章
国境を越える農民運動内の多様性
階級、アイデンティティ、イデオロギーをめぐる競争

　小農内での富裕層と貧農層の出現——通常、農民層分解と呼ばれる——は、長らく農民研究において最も熱く議論されてきたテーマである（Akram-Lodhi and Kay 2010）。本書では、農民層分解（農民の階級分化）に関する議論そのものではなく、階級分化が国境を越える農民運動（TAM）の政治活動にもたらす影響に焦点を当てる。これは、農民運動内のキャンペーン間の対立（たとえば「農地問題重視派」対「労働問題重視派」）の背景を理解する際に有益なアプローチとなるだろう。ただし、このような対立は、小農内の異なる階級ごとの政治と分かちがたく結びついているため、階級分化に関する議論を概要だけでも紹介しておくことは重要である。
　階級分化の議論を理解することは、正統派マルクス主義者に代わって、グローバルな農民運動の中心的存在となったビア・カンペシーナ（の内部に出現したラディカルな農民ポピュリスト）について理解するうえでも役立つだろう。さらに、ビア・カンペシーナとその加盟組織が、農村で暮らす多くの土地なし貧困労働者に直接的な影響があるはずの「労働者の権利」の問題ではなく、「土地、貿易、気候、環境、種子、ジェンダー」などの問題に焦点を当てる理由を説明するうえでも、階級分化の議論は役に立つと考える。

農民層分解に関する議論と「中農」

　19世紀後半から20世紀初頭にかけて、ロシアの研究者は社会格差に関する議論の発展に多大な貢献をもたらした。その背景には、ロシア皇帝政府が保有する農業調査と家計に関する、世界でも類をみない膨大なデータの蓄積があった。これらのデータの活用は、当時のロシアの経済学者と社会学者に、革新的で実証的な共時的および通時的研究の量産を可能とした（Shanin 1972）。また、

当時の革命に満ちた空気も、そのような議論の形成に大きく影響した。

レーニン（1964年）や後の正統派マルクス主義者は、農村部における資本主義の浸透が、小農を貧農、「中農」（middle peasant）、富農に分解させた主な要因であると理解した。これに対し、経済学者のチャヤノフは、構成員がより年齢層の高い世帯の方が成人した子の労働力を頼りにできるため概して裕福であり、生産力のない子を扶養する若い世帯は概して貧しい、といった各世帯に生じる周期的なパターンが、階級分化の推進力であると考えた。この学説により、しばしばチャヤノフはポピュリストと同一視される。

マルクス主義者とポピュリストの決別点は、農村の社会階級を恒久なものと考えるか（否か）、階級分化を生み出す背景が資本主義にあるか世代の周期にあるかという点にあった。いずれの極の議論も、賞賛されることもあれば厳しい批判を受けることもあった（Van der Ploeg 2013; Vilar 1998）。しかし、おそらく歴史上のほとんどの農民層分解には、階級と世代の両方が関係していたといえるだろう。

以上のロシアで交された議論は、その後の歴史を通して、世界各地で繰り返されてきた。これは、現在の小農政治においても同様である（第3章参照）。たとえば、歴史家のフェルナン・ブローデル（Fernand Braudel 1982）は、ヨーロッパにおける小農のプロレタリア（賃金労働者）化は、市場経済による〔土地などの生産手段の〕収奪よりも、経済活動以外の強制あるいは著しい力の行使によって引き起こされることが多かったと強調する。

メキシコをはじめとする中南米地域では、正統派マルクス主義者（「脱小農派」、descampesinistas）と農民派マルクス主義者（「小農派」、campesinistas）がレーニン派とチャヤノフ派に分かれ*）、「小農階級は資本主義下で生き延びることができるか」という問いをめぐり争ってきた（Esteva 1983; Feder 1978; Roseberry 1993）。レーニン派の「脱小農派」は、小農階級がいずれ消失し、人びとが「真の」プロレタリア意識に目覚めることを期待した。他方、「小農派」は、今日的な表現を用いるならば、小農のレジリエンス――困難な経済状況にも適応し、土地闘争に対して自らの意識を発展させる（覚醒）能力――に信頼を寄せた。そして、小農、少なくとも農民層のいくつかの階層集団は、革命主体とな

---

*）これらの表現、呼称は中南米で使われているものであり、日本では馴染みがないかもしれない。

り得る大きな潜在力を秘めると考えた (Huizer 1972, 1975)。

多くの場合、規模の大きい国境を越える農民運動内部には、階級やイデオロギーだけでなく、人種、エスニシティ、ジェンダー、世代、その他のアイデンティティを基盤とした差異が存在する。今日の TAM の最も際立った特徴は、運動の内部にこのような差異を抱えながらも、それぞれが共通のキャンペーンのために団結し参加するとともに、キャンペーンの最中や合間にも、国際的な活動に関与し続けている点にある。運動のアクティビストは、この特徴を「多様性のなかの統合」と自画自賛するが、これは TAM がアイデンティティ政治を育み、人びとをつなぎ合わせるうえで不可欠な語りの中心的枠組みを提供している。また TAM は、革新、リベラル、保守を問わず、「我々は、みな大地の民である (we are all people of land)」といった考えを活動の礎に置く。運動によっては、「小農階級 (peasantry)」(「我々は、みな小農である (we are all peasants)」)や「家族農家 (family farmers)」といった概念を持ち出すことで、このスローガンを政治経済的なカテゴリーのものに昇華させるケースもある。たとえば、ビア・カンペシーナや後に解散する国際農業生産者連盟 (IFAP) が挙げられる。

「小農階級」や「家族農家」といった表現は、「中農」を暗示する。この「中農」カテゴリーについては、農村政治やその研究において、過去に多くの議論が交わされてきた。たとえば、チャヤノフの定義する「中農」あるいは「中規模農家 (middle farmer)」とは、革命前のロシアにおいて「賃金労働者を雇わず、また家族構成員が出稼ぎをしなくても、世帯の消費を十分に賄うとともに、いくばくかの資本集積が可能な農業生産者」であった。レーニン派や毛沢東派を含むマルクス主義者もまた、「中農」の存在に注目していた。たとえ、チャヤノフの周期的・世代的な農村分化パターンに関する立場と異なっていたにせよ。マルクス主義者は、武力革命や社会主義に深く共鳴しうる層として貧農に最も注目したが (Paige 1975; Cabarrús 1983)、「中農」は「富農」(あるいはロシアの「クラーク」) とは一線を画す、信頼できる味方としてとらえられていた。

1960年代の小農研究の基礎を築いた著作の一つ、エリック・ウルフ (Eric Wolf) の『20世紀の小農の戦争』(*Peasant Wars of the Twentieth Century*, 1969) もまた、「中農」に焦点を当てたものであった。ウルフの「中農」像は、「生存ぎりぎりの暮らしを絶望するほど貧しくはないものの、他方で既存構造から著しい利益を獲得できるほど裕福でもない存在」であった。ウルフは、これらの「中農」

は戦略を遂行するに十分な余裕を持ち、メキシコ、アルジェリア、中国、ベトナムなどで、国家を変容させた革命の核となる役割を果たしたと考えた。また、ウルフの考える典型的な小農像には、「中農」的要素が加味されていた。つまり、生物学的な再生産を可能とするための婚資や、結婚式や集落の催事、その他の社会的責務を果たすための儀礼金、そして地主や金貸し業者、仲介業者、聖職者、収税官吏に分け前を譲渡するための「レント」（地代、利子、心づけなど）を捻出しなくてはならない存在として描かれていたのである（Wolf 1966）。これらの前提から導き出されるウルフの「中農」像は、極度にとまではいえないものの、搾取される存在であった。そして、「中農」による他者への搾取は、さほど多くはない頻度で行われ、散発的なものであった。

　大きな社会運動を構築し、収斂させていく過程において、語り（ナラティブ）での単純化は不可欠である。その際、多様性よりも団結が重視されることが多い。この政治的作法の重要性について、「運動関与型の研究者（engaged researcher）」は十分理解しているし、筆者も同様である。しかし、運動の団結ばかりを強調することで、多様性の把握を軽視し、多様性の起源やそれが包含する示唆への理解を怠ることは、政治あるいは分析において生産的なアプローチとはいえない。また、研究者として距離を置き「運動の揶揄者」となることは容易であるが、筆者としては、この議論を学術上のものにとどめるべきとは思わない。社会運動が内包する多様性や差異を分析することは、TAMにとって重要な政治的課題の理解を深めることに貢献すると考える。具体的には、戦略的なアライアンスの形成、そして差異を抱える組織の統合に向けた取り組みなどである。本章では、これらの点を念頭に、ビア・カンペシーナをはじめとする、APCやIFAPなどの組織について議論を行う。

　ビア・カンペシーナは、国際政治の舞台において、小農など農村部の周縁化された人びとの声を代弁する主要な「アクター」としての評価を獲得した。2010年のIFAPの崩壊以前から、ビア・カンペシーナはIFAPに代わる有力な組織としての評価を獲得し、徐々に覇権的地位へと登りつめていった。また、ビア・カンペシーナは「アクター」であると同時に、発展し続ける「活動のアリーナ（舞台）」でもある。その「アリーナ」では、多様なアイデンティティや関心を持つ人びとが結びつき合い、組織化し、他の多くの連合体と同様に、組織の方針や戦略に関する様々な意見を継続的に議論している。「アクター」と「場」という二つの機能を内包するがゆえに、ビア・カンペシーナは多くの

全国あるいはローカルなレベルの農民運動にとって、重要な役割を果たす機関となっている。ただし、ビア・カンペシーナ以外の国境を越える社会運動やNGOネットワーク、国際機関、研究者にとって、ビア・カンペシーナ内部の複雑さを理解し、それに対応することは容易ではない。なお、「アクター」や「場」と称される概念は、ケックとシッキンクス（Keck and Sikkink's 1998, 7）が国際的な市民活動に関する基礎研究で発展させた、「アクターとしてのネットワーク（network-as-actor）」ならびに「構造としてのネットワーク（network-as-structure）」という概念を踏襲している。

社会階級分化

アクティビストや研究者は、農をめぐる政治（agrarian politics）を理解するうえではあまり役立ちそうにない、曖昧な用語を用いることが多い。たとえば、「地元の人びと（local people）」、「地域のコミュニティ（local community）」、「大地の民（people of the land）」、「農村の貧困層（rural poor）」、「小農（peasants）」などである。たとえば農地で働く労働者といっても、階級は様々で、それぞれの間には社会的な差異が存在する。これらの異なる特徴は、土地、労働、資本、技術といった生産手段の所有権や支配権をめぐる社会関係における位置づけを反映している。

ただし、これらは差異を生じさせる要因の一部にすぎず、他にも要因がある。上記のように曖昧なカテゴリーに分類される人びとのすべてを労働者階級とすることもできるが、一人ひとりの資源の利用権に大きな差がある。彼らのなかには、農地を持つ者も、農地を持たない者も、灌漑施設を持つ者も、季節雨に左右される者もいる。なかでも農地の利用権と所有権は、農村の労働者階級を分かつ最も重要な要素である。

自身の世帯構成員で耕せる範囲よりも多くの農地を所有する農家は、世帯内の労働力を外部に提供することは少なく、逆に余所から労働力を調達することが多い。このような農家は農地をさらに拡大し、家畜や機材や農業投入材を購入し、市場に投機し、金を貸すなどして、より多くの余剰金を生み出すことが可能である。ただし、これらの農家は、自ら農地を耕し、農作業や他の経済活動から収入を得ているという点で、地主とは異なる。地主は農地での労働に従事することはなく、地代や金貸しを通して主な収入を得るからである。また、

これらの農家には、市場から穀物や動物を購入するだけの財力がある。たとえば、米を主食とするフィリピンの裕福な稲作農家は、通常彼らの自家消費用の米のなかから世帯内で年内に消費する分を確保し、残りを市場に売りに出す。彼らが消費するための米を買わなくてはならないことは、ほとんどないだろう。

　裕福な農民（富農）の持つステータスは、ほとんど普遍的であるといってよい。もちろん、農地の規模や労働者の雇用規模は、各農家の置かれた社会背景によって程度の差がある。たとえばインドネシアのジャワ島の富農は、3ヘクタールの水田と、投入材や農産物を運ぶための仕事用の小さいトラックを持っているかもしれない。カナダの草原地帯で暮らす裕福な家族農家は、1万ヘクタールの小麦畑と、複数の高価なコンバイン収穫機を持っているかもしれない。

　では、これらの農家は、レーニンが19世紀後期ロシアの「クラーク」について論じたような（Lenin 1964）、「農村部の真の主人（the real masters of the countryside）」なのだろうか。世界各地で裕福な農家は経済的および政治的に強い力を持っていることが多いが、彼らの絶対数は少ない。それに対し地主や金貸し業者は、これらの富農よりさらに多くの富を握っていることが多い。これはレーニンのロシアにおける分析と同じである。

　貧しい小農（「中農」ではなく）のステータスは、これとは大きく異なる。貧農は収入を主に農地での労働から得ている。彼女[*]が働く農地は自身の所有地かもしれないし、そうではないかもしれない。貧農が他者の農地を借りる必要がある場合、その生活は非常に不安定なものとなるだろう。貧農が借りることのできる農地はたいがい小さいか、地味が悪いか、あるいはその両方である。貧しい農家は世帯内の働き手全員を農地に駆り出したとしても、生活を維持するのに十分な生産高を上げることはできない。

　もし彼女がフィリピンの典型的な貧しい稲作農民であれば、1ヘクタール分の乾燥稲作農地を所有しているかもしれない。しかし、彼女は生活必需品を購入するための現金が必要なため、収穫した米のほとんどを売りに出すことを余儀なくされる。また、世帯内で消費するための米を手元に残すことができたとしても、せいぜい2か月分程度であり、それ以降は市場から米を買わなければならない。貧農の重要な特徴として挙げられるのは、自身の労働力を「中農」や富農、あるいは近隣の町や都市の企業主に売ることはあっても、余所から労

---

[*] 貧農の多くは女性のため、原文では「彼女」が使われている。

働力を雇い入れることはほとんどないということである。このような特徴を有した農家は、今日の世界でおそらく最も多数を占める。

「中農」は上記の富農と貧農の中間に位置する。彼らは通常自分の生計を立てるための農地を所有しており、外部の労働力を雇ったり解雇したりすることはあまりない。それでも、多くの「中農」の生活は不安定な状態にあるといえる。彼らは成功して富農になることを目指しつつも、貧農へ転落せずにすむよう、日々奮闘している。

以上のカテゴリーは理論上のものであり、現実をそのまま描写しているわけではなく、一つの目安としてとらえる必要がある。現実は、ここに提示したカテゴリーよりも、さらに複雑で扱いが難しい。加えて、このような理論上のカテゴリーの境界線はたいてい、きわめて曖昧である。先に述べたように、チャヤノフは農村の社会階級分化が恒久的なものではなく、世帯の世代推移により大きく変化すると考えた。この学説は、スターリンが率いるソ連において異端理論として危険視され、学説の抹消とともにチャヤノフ自身が死に追いやられる原因となった（Shanin 2009）。ファン・デル・プルフ（van der Ploeg 2008）が強調するように、小農的農業と「起業家的」な形態の農業は連続したつながりをもって存在する。自給志向と市場志向の融合、あるいは伝統的な知恵と「近代的」な技術の融合など、近年の小農の農業は多様性に満ちている。

本章が紹介する理論上のカテゴリーは流動的かつ不確定のものであり、資本主義の農村部への伸張と、農地、労働力、種子のコモディティ化（商品化）の流れを背景とした、小農の社会分化過程の一部としてとらえる必要がある。それでもあえてここで上記の簡略化されたカテゴリーを提示するのは、農をめぐる政治を理解し、農村の労働者階級を統合あるいは分裂させる要因を把握するうえで、これらのカテゴリーが役に立つためである。

他方で、裕福な農家は独自の政策課題に関心を寄せる。富農は売り上げの余剰分から収入を得るため、さらなる富の蓄積を可能にする政策を支持する。たとえば、出荷価格の引き上げ、安価な農産物の輸入（市場経由、または食料援助による）に対する保護といった政策である。ほかにも、燃料や肥料などの投入材の価格の引き下げや、低金利の生産者ローンや機材購入ローン、灌漑施設の整備、保管庫や畑、市場をつなぐ道路など、収穫後に必要なインフラの整備を実現する政策を支持するだろう。

通常、高い食料価格は富農にメリットが大きい。彼らは世帯内で消費する農

産物を確保できる余剰生産者であり購入者ではないため、食料価格の引き上げによって利益を得る場合が多いからである。また、富農は農業労働者の賃金引き上げと労働者への補助金（手当てや給付金）付与、そして農地改革といった政策には反対することが多い。ただし、多くの国で富農が農地改革の受益者になるため、様々な不正を行ってきたことも事実である。

　他方、貧農は富農とは異なる政策課題を重視する傾向がある。第1に、彼らは農地へのアクセスを拡大・強化する政策に関心を持つ。たとえば、農地改革、入植、土地再配分プログラム、土地貸与プログラムなどである。第2に、貧農のなかでも、特に季節ごとに主食を購入しなくてはならない人びとは、食料入手を可能とする補助制度を支持することが多い。具体的には、農家全員、あるいは特定の対象者のための補助金制度や食料配布計画などが挙げられる。また、貧農は大量の余剰生産物を売りに出す可能性があるため、「生産者から高く買い上げ、消費者に安く売る」政府の価格支援政策を支持する。これは、世界銀行が1960年代に多くの国で設立を支援した農作物取引所で、中心的に行われた取り組みである。この商品取引所はのちに多大な財政赤字をもたらしたため、反自由市場的な機関として1980年代に廃止された。第3に、貧農は彼らの労働に対して、より高い賃金と手当てを保障する政策に関心を持つだろう。

　彼らの中間に位置する「中農」は、時と場合によって、富農の支持する政策と貧農の支持する政策のいずれかを支持する。彼らの選択は、彼らが耕す農地の利用権や所有権が保障されているか否か、彼らの生活水準が上がりつつあるか下がりつつあるか、といった要因に左右される。ただし、基本的には富農になることを目指す「中農」は、農業投入材の価格引き下げや買い取り価格の引き上げを支持することが多い。

　実際の社会的現実は、常にこれらの単純化されたカテゴリーにうまく当てはまるわけではない。本書はこの点を前提とする。多くの世帯や個人は、季節ごとに貧農や農場労働者、街頭の物売り、建設労働者など、多様な仕事に従事しているため、彼らを一つのカテゴリーに当てはめることは不可能である。また、富農のなかには、高度に資本化された農民や、農作物の売り買いや金貸しを主業とする者も存在する。さらに、資本集積の進行や人口動態、マクロ経済の変動といった社会変化を背景に、各世帯は複数のカテゴリー間を行き来している。このため、富農・「中農」・貧農といったカテゴリーが、固定的で静的なものとして用いられないように注意しておきたい。他方、カテゴリー化は、それぞれ

の集団特有の関心事に対する認識とアプローチを理解するうえで有益な面がある。農地改革や食料価格に関する政治的立場は、農家の経済状況によって異なるだけでなく、ときとして階級間で対立を引き起こすこともあるからだ。以下、このような観点に基づき、TAMを分析していきたい。

TAM内部の階級政治

　ビア・カンペシーナは、複数の社会階級を包含するネットワークである。大雑把な見取り図を描くと、ビア・カンペシーナを構成しているのは、(1) 中南米やアジアの地域の土地なし農民、借地農民、小作人、農村労働者、(2) 西ヨーロッパ、北米、日本、韓国の季節農家を含む小〜中規模の家族農家、(3) 自給農家か起業農家かを問わず、南の家族農家（アフリカの家族農家や、ブラジルやメキシコなどで農地改革の結果として新たに誕生した家族農家を含む）、(4) インド、北米、カナダなどの地域の中規模あるいは裕福な農家、(5) 中南米などの地域で多種多様な生産活動を行う先住民族コミュニティ、(6) ブラジルや南アフリカなどの国の都市近郊に暮らすセミプロレタリアート、に分類される人々である。

　ビア・カンペシーナ内にはこの他の社会集団や階級も存在するが、その多くは発言力が弱く、集団としての規模という面でより重要性が低いとされる。たとえば、小規模漁撈従事者や労働者、牧畜民、農村部の土地なし農業労働者、移民労働者、森林居住者などである。他方、これら農民以外の集団の存在、そして大規模農民組織に対する彼らの比重といった要素は、ビア・カンペシーナとして取り組む課題やキャンペーンの枠組みづくり、また他の労働運動とのアライアンス形成戦略を理解するうえで、重要な示唆をもたらしてくれる。この点については次章でより詳細に議論を行う。

ビア・カンペシーナにおける農地問題と「門番役」

　ビア・カンペシーナは農地問題を、ラティフンディア〔奴隷的労働に頼った大土地経営〕や大土地所有者に対する闘争としてとらえてきた。彼らにとって農地改革は、農地を持たない小農やわずかな農地しか持たない小農にまとまった土地を再配分して、活発で生産力のある「中農」を育てることを意味する。そ

してこれはビア・カンペシーナの農地改革運動において、包括的な枠組みとなった。

　ビア・カンペシーナのなかでも、中南米やアジアの土地なしや貧農による運動は、最も発信力が強い。ビア・カンペシーナはテーマごとに委員会を設置して各種のキャンペーンを行っているが、その一つが「農地改革のためのグローバル・キャンペーン（Global Campaign on Agrarian Reform: GCAR）」である。GCARの開始は、1999〜2000年に世界銀行が新自由主義的な「市場主導による農地改革（market-led agrarian reform: MLAR）」を野心的に推進していた時期にさかのぼる。GCARには、ビア・カンペシーナと連携する個人や機関が、構想、企画、実施の過程に参与した。フィアン（Foodfirst Information and Action Network: FIAN）、フォーカス・オン・ザ・グローバル・サウス（Focus on the Global South）、土地調査・行動ネットワーク（Land Research and Action Network: LRAN）に参加するブラジルの社会ネットワーク（Rede Social）などがその一部である。

　ビア・カンペシーナの根幹にある反自由主義的姿勢をふまえると、MLARや世銀に反対するGCARの立場は、必然的な成り行きといえる。GCARは、開発課題として農地改革に再び焦点を当てるうえでは大いに成功したが、主要国の政策に具体的な影響を及ぼすことはできなかった。現に、ビア・カンペシーナの重要拠点であるブラジルでは、GCARの期間も、MLARの実施範囲は拡大した。

　ビア・カンペシーナ内でGCARの推進役を担うのは「農地改革委員会」である。各委員会は、ビア・カンペシーナ内の個々の加盟組織によって運営されている。農地改革委員会のとりまとめ役は、ホンジュラスの小農運動COCOCH、そして同運動の長年にわたるリーダー、ラファエル・アレグリア（Rafael Alegría）であった[1]。彼は1995〜2004年の間、ビア・カンペシーナ全体のコーディネーターを務めた。また、中南米やアジアの土地なしや農村労働者による運動、そして破綻前の南アフリカの土地なし人民運動（Landless People's Movement: LPM）は、ビア・カンペシーナの農地改革キャンペーンに不可欠な支柱であった。

　中南米のビア・カンペシーナのなかでも、最も影響力を持っていたのはブラジルのMSTである。MSTのリーダーは、これまで数々の世界的な社会運動の指導的立場を務めてきた。アジアでは、フィリピン、インドネシア（特にビア・カンペシーナの国際事務局がインドネシアにあった2004〜10年の間）、そして複数

の南アジアの組織（特にバングラデシュとネパール）がそれぞれ重要な役割を果たしたが、中南米の組織と比較すると結束力や力強さに欠けていた。2014年にビア・カンペシーナの国際事務局がジンバブウェのハラレに移動し、ジンバブウェ小規模有機農家フォーラム（Zimbabwe Small Organic Smallholder Farmers Forum: ZIMSOFF）の管轄下に入ってからは、農地改革キャンペーンはさらに勢いを得た。当時ジンバブウェの急速な農地改革による農地再配分を受けたZIMSOFFの指導者エリザベス・ンポフ（Elizabeth Mpofu）は、ビア・カンペシーナ全体のコーディネーターにも任命されていた[2]。

農地改革の取り組みにおける中南米およびアジア勢力の声は、ビア・カンペシーナ内で発言権の大きい他の農民運動、たとえばインド・カルタナカ州の中・富農組織KRRSなどを凌ぐ強さをみせた。当初KRRSはビア・カンペシーナが大規模な農地改革キャンペーンを実施することに懸念を示したが、農地改革を支持していた中南米とアジアの組織の前に、KRRSの意見は却下された。

KRRSの意見が却下された背景には、次のような出来事があった。1980年代以降、KRRSは多国籍企業や遺伝子組み換え（GM）作物に反対する大規模なキャンペーンを実施し、メディアから多くの注目を浴びた（Gupta 1998）。特に反GM運動は北の国々の反GMアドボカシー活動と共鳴した。この結果、KRRSは、ビア・カンペシーナ内における反GM、反多国籍企業の世界的キャンペーンの中心的立場に立つことに成功した。ただし、皮肉なことにKRRSメンバーの多くはGM作物を育てており、特にGMに反対してはいなかった（Pattenden 2005）。

またKRRSはビア・カンペシーナのインフォーマルな「門番役（gatekeeper）」として、南アジア地域内でどの組織がビア・カンペシーナに加盟できて、どの組織が脱退すべきかを決定する権限を有していた。その結果、ほとんどの組織がビア・カンペシーナから排除される事態が生じた。インドをはじめとする南アジア諸国の農村で、搾取を受ける人びとが立ち上げた組織の多くは、KRRSによって加入を阻止されたり、KRRSが主導する加盟プロセスへの関与を拒否したりしたため、ビア・カンペシーナに加わることができなかった。ビア・カンペシーナ関係者は次のように述べている。「インドでは、カースト制度の身分の高い農家がビア・カンペシーナに参加し、身分の低いものはビア・カンペシーナから除外されている。どうすればこの状況を是正できるだろうか？」（Rosset 2005, 37にて引用）

最近になって南アジアの複数の貧農組織がビア・カンペシーナに加盟した。しかし、依然としてインドの土地なし貧困層の多くは、ネットワークの外にとどまったままである。これは、KRRS が今なおビア・カンペシーナ内で影響力を保っていること、また 1990 年代後半の KRRS 内におけるイデオロギー上の対立により KRRS の組織力が低下し、他の組織にとって同盟先としての魅力がなくなったことなどが原因である。

KRRS はラディカルな社会変革を求めるレトリックを多用するが、階級問題を故意に回避し続けてきた。KRRS を創始し、長きにわたってそのリーダーを務め、のちに医学博士となったナンジュンダスワミー（Nanjundaswamy）は、次のように説明する。「我々は民衆を地主と土地なし農民に分け、個別に扇動することはできない。そのような動員は威力に欠けるし、社会の理解を得られないからだ」（Assadi 1994, 215）。

KRRS は土地所有権の範囲に法的な上限を設けることを反対する一方で、都市部における工業用地のための土地所有権には制限をかけるよう提言している。加えて、ナンジュンダスワミーは次のように語る。

> 隣接するマハラシュトラ（Maharashtra）州のシェットカリ・サンガタナ（Shetkari Sanghatana）運動と KRRS は、先住民族のアディヴァシ（Adivasi）とカースト最下層のダリット（Dalit）に対する残虐行為を糾弾することに失敗しただけではなく、組織のメンバーがそういった暴力に参加したことさえあった（Assadi 1994, 213–215）[3]。

KRRS の事例は、ビア・カンペシーナ内部に深刻な階級に基づく差異が存在することを示す。このような階級分化は、ビア・カンペシーナのメンバー構成だけでなく、キャンペーンの内容、目的、表現方法といった枠組みを左右する。

なお、KRRS はビア・カンペシーナ内の唯一の富農組織ではなかった。また、ビア・カンペシーナを結成するうえで主導権を握ろうとした最初の組織でもなかった。ビア・カンペシーナに最初に不和をもたらした組織は、ニカラグアの農畜産業生産者による全国組合（National Union of Agricultural and Livestock Producers: UNAG）であった。UNAG は 1992 年にマナグア（Managua）で世界連帯会議を主催し、ビア・カンペシーナの設立構想を提出している。これが、ビア・カンペシーナの創立につながった。また、UNAG は初期のビア・カンペシーナ

の加盟組織、なかでも最も活発な中米地域の横断的組織であったASOCODE連合で、中心的な役割を果たしていた。UNAGはニカラグアの急進派サンディニスタ民族解放戦線と近しい関係にあったが、中・富農の国際組織であるIFAPに所属していた。UNAGの主要関心テーマは、生産や貿易に関する課題や、サンディニスタ政府による公的な作物ごとの管理機構の運営、政府を通じた二国間・多国間援助機関からの支援や融資の獲得であった（Blokland 1992）。

同じニカラグアでビア・カンペシーナの創立に関わった組織に、農村農場労働者アソシエーション（Rural Farmworkers' Association: ATC）がある。ATCとUNAGはともにサンディニスタと親しい関係を結んでいたが、UNAGはもともとATCから分派した、より裕福な農民によって設立された組織であり、両組織の性格は非常に対照的である。ATCは農地を持たない人びとの抱える問題（賃金や農地）や要求に重点を置く。ATCはプランテーション労働者や季節労働者、協同組合や国有農場のメンバーによって構成されており、ローカルおよび国際レベルの労働者連盟に加盟していた。1994年のインタビューで、ATCのリーダーは、UNAGのリーダーは他国に飛行機で移動するが、ATCのアクティビストは金がないためバスで移動すると自嘲的に語っている[4]。

このような階級差の問題は、1993年のビア・カンペシーナ創立記念会合でも表面化した。ビア・カンペシーナの新リーダーと、会合の主催者であるオランダのパウロ・フレイレ財団（Paulo Freire Foundation: PFS）が、ビア・カンペシーナをIFAPの一つの「フォーラム」としてIFAPの下位に位置づけるか、独立組織とするかをめぐって衝突したのである[5]。同財団はビア・カンペシーナをIFAPの下位組織にしようとしたが、バスク地方の農民リーダーのポール・ニコルソン（Paul Nicholson、当時のヨーロッパ農民調整委員会（Confederation of European Farmers: CPE）のリーダー）をはじめとする農民運動のリーダーは財団に反対し、独立した組織としてのビア・カンペシーナ設立を支持した。この対立関係は、UNAGがIFAPの加盟団体であったことから、さらに複雑なものとなった。最終的に、長年パウロ・フレイレ財団の責任者がUNAGのオランダにおける連携先であったため、UNAGはPFSの側につき、UNAGはビア・カンペシーナを去ってIFAPに残る選択をした。

この出来事はありふれた縄張り争いにもみえるが、注意深く分析すると、IFAP支持派と反対派の間には、階級に基づいた深い亀裂が存在していることがわかる。多くのアクティビストや研究者はこの事件を、ビア・カンペシーナ

の基礎を築いた重要な出来事としてとらえている。

　ビア・カンペシーナの農地改革推進グローバル・キャンペーンは、中南米全域とアジアの複数の国々で支持を得た。しかし、農地改革が切迫した政治的課題であるインドの国内では、同キャンペーンは支持されるどころか、立ち上がることさえなかった。ここで、階級の観点からインド国内のビア・カンペシーナ支持者をながめてみると、インドの農民団体がビア・カンペシーナの農地改革キャンペーンに対して沈黙した理由がわかる。当時インドのビア・カンペシーナの支持者の大半は、KRRS（そしてのちの BKU）の富農によって占められていたのである。

　社会階級に焦点を当てた分析は、ビア・カンペシーナがキャンペーン対象から外しているテーマについて理解するうえでも役に立つ。農村の貧困層の大部分を占めるのは、農地を持たない労働者である。たとえば、ブラジルのサトウキビ裁断者、エクアドルのバナナ農園労働者、フィリピンのプランテーション労働者、北米のワイン農場やイチゴ農園で働く移民労働者などがそうである。これら土地なし労働者のなかには、小農の下で働く者も、富農の下で働く者も含まれる。彼らの多く（特に企業のプランテーションで働く土地なし労働者）は、自ら農地を手に入れて小農になる願望をあまり持っていない。代わりに彼らが求めるのは、賃金や手当、労働環境の改善や、集団交渉権の獲得といった公正な労働条件である。

　ビア・カンペシーナは世界の「農村の貧困層」を代表する運動として活動を行っているが、実際に農村の貧困層が直面する重要な課題（公正な労働条件）について体系的なキャンペーンを立ち上げたことはない。過去にはヨーロッパと北米の移民農場労働者をテーマとした会議を開催したことはあるが、そのような取り組みは反 WTO、反 GM、農地、気候変動、種子に関するキャンペーンに比べると、あまり重要視されていない。

その他のアイデンティティ政治

　ここまで社会階級の問題について注意深く取り上げてきた。階級は TAM のダイナミクス（政治力学、動態）に影響を与える主な要素だが、序章で述べたように、重要なのは社会階級だけではない。社会階級は、しばしば他の社会的アイデンティティと交差しており、それゆえ運動内の政治力学は複雑なもの

になっている。個人の社会階級と当事者のエージェンシー（行為主体性）との間に、明快な相関関係を示すことは不可能である。多くの場合、「即自的階級（class in itself）」から「対自的階級（class for itself）」への移行は、人種、エスニシティ、ジェンダー、世代などの社会的アイデンティティの影響を受ける。

人種とエスニシティ

社会階級と人種、エスニシティなどのアイデンティティとの関係は複雑であり、労働者の政治力学の理解を難しくする一因となっている。たとえば、農地を持たない農家世帯どうしでも、異なる民族集団に所属し、異なる政治的志向を持っていることがある。

ゴムのプランテーションで働くセブアノ（Cebuano）、イロンゴ（Ilonggo）、タガログ（Tagalog）の移民労働者（彼らは皆キリスト教徒である）は、出身背景が異なっても同じ土地なしの立場を共有しているかもしれない。他方、その近隣に住む農地を持たず雇用もされていないイスラーム教徒のヤカン（Yakan）は、50年前にプランテーションの所有者となった層によってコミュニティから追い出された人びとかもしれない。これらの人びとはいずれも農地を持たない者として関心を共有するはずであるが、彼らはまったく異なる視点や立場で農地やプランテーションの問題をとらえている。たとえば、キリスト教徒の移民労働者は、農地改革を通じてプランテーションから農地の配分を受けることを望んでいる。他方、長年そこで暮らし、立ち退きにあったイスラーム教徒は、賠償の一環として土地の返還を希望する。

社会階級と民族や信仰などのアイデンティティの交差は、もともと複雑なものであった農をめぐる政治力学をさらに複雑化している。階級に注目することは重要であるが、それは単独で存在しているわけではない。階級は、他のアイデンティティの位相との関係性のなかで検討されなければならないものなのである。

現在、これに似た農民どうしの緊張は、TAMに加盟する多くの運動にみられる。ブラジルやコロンビアにおける土地を持たないヨーロッパ系とアフリカ系の対立、南アフリカにおける南アフリカ人とジンバブウェやモザンビーク出身の移民農場労働者の対立、ナミビアの定住農民と移動牧畜民の対立など、人種やエスニック集団、あるいは国籍の対立関係が、運動の組織化を停滞あるいは阻止している例は多い。

ジェンダー

「ジェンダー」と階級の交差関係は、最も広い分野にまたがり、かつ重要なアイデンティティ上の問題である。ビア・カンペシーナにとって、組織づくりやプロジェクト推進の過程でジェンダーの平等性を確保することは、重要なテーマとなっている。しかし、1993年にベルギーのモンス（Mons）で開催されたビア・カンペシーナの設立会合では、女性代表者の参加者数は全体の20％にしか満たなかった。1996年にメキシコのトラスカラ（Tlaxcala）で開催された第2回会合では、国際調整委員会（International Coordinating Committee: ICC）に選出されたメンバーが全員男性であったことに対して女性参加者が強く抗議し、再選の結果、女性代表者が1名（カナダNFUのネッティー・ウィービー Nettie Wiebe）ICCに加わることになった（Wiebe 2013）。

中南米の農村の多くは、歴史的に男性優位社会として知られる。しかし、より公正なジェンダーモデルを先駆的に提示したのもまた、中南米の運動であった。1980年代には、女性メンバーやヨーロッパの援助機関からの圧力に応じる形で、多くの組織が女性のための事務局や委員会を設置した。それらが元の組織から分離して独立した小農女性組織となる場合もあり、このような組織の多くは特定のフェミニズム思想を支持していた（Deere and Royce 2009）。

ビア・カンペシーナの中南米メンバーの大半が加盟する、中南米農民組織調整委員会（The Latin American Coordinator of Peasant Organizations: CLOC）は、重要な会議を開催する際には、必ず事前に女性参加者のための集会を実施するという伝統を早期に確立した。この集会は、本会議において女性の声が代表され、女性の意見がしっかりと聞き届けられることを保証するためのものである。ビア・カンペシーナはこのCLOCの試みを採用したほか、2000年にバンガロールで開催された第3回会合では、調整委員会のジェンダー構成を見直し、各地域の代表者を男性と女性1名ずつと規定した。ディールとロイス（Deere and Royce 2009: 16）によると、結果として次のような変化が生じたという。

男女両性のメンバーで構成された農村運動内では、女性の運動参画が増加したことにより、ジェンダーについて議論する場がつくり出された。農村においては、女性による自治組織と男性と女性を含む組織が会員数をめぐって競い合うことが多く、後者が以前よりも女性の立場や要求に配慮する必要に迫られたことがその一因である。

「ジェンダー」や「女性の問題」が、もはや女性だけに限定される領域の課

題ではなくなっている点はとても重要である。近年では男性の意識改革を推進する取り組みも急速に進められており、多くの注目を集めている。たとえば、ビア・カンペシーナの「女性への暴力廃絶に向けたグローバル・キャンペーン（Global Campaign to End Violence against Women）」が挙げられる。このキャンペーンは、小規模のものに限らず、大衆動員型の反暴力啓蒙活動を実施し強化することを、ビア・カンペシーナの加盟組織に推奨している（Vía Campesina 2012）。

　意識改革を通じて組織の公正なジェンダー比率を確保することと、実際の男女の力関係に変化をもたらすことは同一ではない。しかし、ビナ・アガーワル（Bina Agarwal 2015）が、南アジアの森林管理委員会を分析したうえで、「そこに『女性たちのために（women-for-themselves）』という社会意識が存在しなくとも、大勢の『女性自身（women-in-themselves）』の存在そのものによって、重大な変化をもたらすことは可能である」と述べている点は重要であろう。

世代
「今後、農村社会を受け継いでいくのは誰なのか？」という問いを軸に、ベン・ホワイト（Ben White）は世代研究と農民研究のより体系的な統合を提唱している（White 2011）。農をめぐる変化と世代問題の関連は、十分ではないにしろ（チャヤノフの時代とは違う形で）今再び注目を集めている。

　その背景には、「近年、農村地域の若者は農業に関心を持たない」という認識が広く共有されている状況があり、実際に多くの地域においてこれは事実である。しかし、就農したくとも資金難のために、農地へのアクセスがない農村の若者はどうか。世界各地で農地がますます不足し、土地代が高くなっているなかで、農業に参入したくとも農地を購入するだけの資金的余裕がない若者の数は増加している。彼らが農地にアクセスできないのは、彼らの年齢が若すぎるせいだろうか、それとも己の社会階級のせいだろうか。一般的に、就農を希望する若者のうち、社会的地位の高い家庭に育った者は、貧しい労働者階級出身の者に比べて直面する障壁が少ない。この問題は、階級と世代の関係に注目することの重要性を示す一例である[6]。

　現状において、多くの人が、「兼業（専業としない形）による農の営みは、当該農家の経済的困窮や、その世帯が市場経済の動向によってもたらされる階級分化の過程にあることを指し示す」との推論に立脚する。これらは「中農」を理想型農民と前提し、兼業農家の暮らしを改善させるには、専業の「中農」に

移行するための支援策が必要だと主張する。ある農民が兼業農家になるという現象が、社会分化の進行過程で、農民が一方的に負け続ける状態を示す場合が多いのは事実である。しかし、兼業農家は必ずしも困窮しているわけではない。空き時間に農を営み、その他の経済活動や仕事と組み合わせること（近年、社会科学者はこれを「複合活動（pluriactivity）」あるいは「新しい農村性（new rulality）」と呼ぶ）は、場合によって、農家の計算された生存戦略の一つである（Kay 2008）。北の国々の多くの農民や就農希望者（多くは若者）は、〔いわゆる「半農・半X」的なものも含む〕兼業農民になることを有効な選択肢の一つとしてとらえている。こうした生活スタイルを支えるために必要な政策は、一般の専業の「中農」が必要とする支援策とは大きく異なる。新世代の兼業農民の多くは、若い専業農民や格差拡大に苦しむ年配世代の兼業農民とは異なる種類の政治活動やアドボカシーを支持する傾向がある。

場所

今日の世界的な資本主義——つまり、さらなる資本の集積を実現するための収奪の新領域を攻撃的な手法で追い求める資本が存在する——体制の下では、空間（space）と場所（place）、そしてそれらと階級がどのように交差しているのかといった問いは、とても重要なテーマである。多くの人にとって、リージョン（region）、国家（nation）、そして地域社会（locality）は、アイデンティティの重要な拠り所（loci）となっている。事業の枠組みは、階級問題と並行して存在することもあれば、交差することもある。

企業が鉱山の露天掘りや観光プロジェクト、あるいはREDD＋のような気候変動緩和プロジェクトのために大規模な土地を占拠する場合、地元住民が土地から追放されることが多い。これらの事業では、多くの労働力を必要としないためである。土地収奪のプロセスは異なる社会集団に対して異なる影響をもたらすが、大規模な立ち退きが行われる場合、多様な層の人びとが同種の影響を受ける傾向にある。元来の土地からの立ち退きは、それを強いられた者が裕福な農民であろうと貧しい農民であろうと、土地なし労働者であろうと牧畜民であろうと、人びとに深い傷（トラウマ）をもたらす。立ち退きに直面した人びと全員が引き受ける社会的アイデンティティは、「土地を奪われし者（the dispossessed）」である。人びとが異なる階級的出自を持とうとも、政治的にはこのような共通の状況が強調される。

以上から、農をめぐる政治を分析するうえで、階級は根幹をなすが、階級と他の社会的アイデンティティがどのように関係するのかの理解が不可欠であることを明らかにしようと試みた。そうすることではじめて、「なぜ」「どのように」、特定の種類の政治状況が立ち現れるのかを理解することができるだろう。

イデオロギーの違い

　ビア・カンペシーナのように大きな規模の国境を越える社会運動は、多様なイデオロギー的立場を内包していることが多い。イデオロギーは階級と関係しているが、階級だけがイデオロギーの種類を左右する要因ではない。たとえば、ラディカルな土地なし運動のなかには、様々なイデオロギー的立場を掲げる団体が存在する一方で、異なる社会階級、世代、民族、ジェンダーを背景に持つ支持者を擁しながら、共通のイデオロギーを掲げる運動も存在する。

　多くの社会運動は「我々はどのように現在の状況に至ったか、どのような新しい社会システムを求めているか、我々のビジョンを達成するためにどのような戦略が必要か」といった問いを提示するが、その問いの答えは彼らのイデオロギー的立場と不可分である。マルクス主義者は、マルクス主義者ではないラディカルな農民ポピュリストとは異なった答えを提示する。アナキズムに傾倒する運動は、レーニン主義者による運動とは根本的に異なる特徴を示す。リベラルで進歩的な運動は、エコ＝フェミニストの訴えを難なく理解する。歴史的に敵対し合ってきたマルクス主義勢力どうし（たとえば毛沢東主義者とトロツキー主義者）は、同じアライアンスの傘下で活動することに抵抗を感じるかもしれない。また、組織によってイデオロギーと関わる姿勢は異なっており、特定のイデオロギーに強く傾倒する組織もあれば、一つのイデオロギーを支持しつつも柔軟な立場を保つ組織も存在する。

　規模の大きなTAM内のイデオロギー的立場、そしてそのことが階級的基盤とどのように結びついているかについて理解することは、そのTAMがどのように社会問題をとらえ、それぞれの主張を形成するかを把握するうえで有益である。また、これは運動の支持者や政治的志向が分裂する背景を知る手立てにもなり、TAMはそれ自体が人びとの闘争の場であるという事実を示すことにもなるだろう。つまり、TAMの掲げるイデオロギーと階級やその他のアイデンティティの関係をひもとくことにより、重要な歴史的局面において、なぜ

TAMがある特定の行動をとるのか（あるいはとらないのか）を理解することが可能になる。

　ビア・カンペシーナは、多様な種類の特定イデオロギーに強く傾倒（あるいは共鳴）する国内農民組織によって構成された大型のTAMである。したがって、階級格差と同様、ビア・カンペシーナやそれを支持する外部者が、内部のイデオロギー上の違いについて表立って語ることは少ない。

　ビア・カンペシーナの内部には、多様なイデオロギー的立場が存在する。多くの組織あるいは個人は、(1) いろいろな系統のラディカルな農民ポピュリスト、(2) 毛沢東主義者を含む正統派マルクス主義者、(3) アナキズムの影響を受けたラディカルな運動、(4) ラディカルな環境保護論者、(5) フェミニスト活動家、のいずれかに属するだろう。また、ラディカル農民ポピュリスト＝フェミニストやラディカル農民ポピュリスト＝マルクス主義者のように、複数のカテゴリーにまたがる立場も存在する。その他の多くは、明確なイデオロギー的立場をいっさい持たないか、立場を十分に確立していない。ビア・カンペシーナに加盟する組織のイデオロギー的立場はとても多様である。たとえば、正統派マルクス主義を支持するバングラデシュのクリショク連盟（Bangladesh Krishok Federation: BKF）とスペイン・アンダルシアのラディカルな異説論者（Sindicato Obrero del Campo: SOC）、カナダの全国農民連合（National Farmers' Union: NFU）とインドのKRRSなどを比較してみてほしい。

　ここで、TAMの二つの側面について理解する必要がある。一つはTAMの社会階級構成、もう一つはそのTAMの世界的な運動を方向づけるイデオロギー的枠組みである。これらの間に無条件の自動的な相関関係は存在しない。

　1990年代初期以降、ビア・カンペシーナはラディカルな農民ポピュリスト勢力に牽引され、正統派マルクス主義勢力は周縁的な立場に追いやられてきた。このラディカル農民ポピュリスト勢力は、実際には複数の小規模な集団の集合体であった。彼らは反資本主義を掲げつつ、「中農」を軸に据えた新しい近代性(モダニティ)の創造を目指している。ラディカルな農民ポピュリスト勢力は、ビア・カンペシーナの政治キャンペーンの枠組みや世界的な運動としての組織構築の方針にも影響を及ぼしている。

イデオロギー分裂によるコスト

　南アジアでは、富裕層の農家を中心とするKRRSがビア・カンペシーナ内で支配的な立場にあったが、これに対抗しようとしたインド国内の他の左派農民集団は、KRRSに匹敵するTAMとしてアジア小農連合（Asian Peasant Coalition: APC）を設立した。APCの中心的勢力は、正統派マルクス主義者や毛沢東主義者であった。APCの強みは、彼らが一貫して貧農と農村労働者を対象として運動を組織化してきたことである。APCの支持者は、小農階級のなかでも特に貧しい状況に置かれた人びとである。そのため、APCがビア・カンペシーナに加わることによって、ビア・カンペシーナ内での階級問題に関する分析や要求を強化し、アジアにおける農民の代表性を拡大し、土地闘争を後押しすることが可能となるはずであった。しかし、APCの掲げたセクト主義は、階級を越えたアライアンス構築の障壁となってしまった。当然ながら、APCとビア・カンペシーナの関係は悪化の一途をたどった。

　本章で述べてきたように、イデオロギーの対立は政治戦略にも影響する。メキシコでは国内のビア・カンペシーナ加盟組織どうしの関係、あるいは農民組織と政府、政党との関係のあり方をめぐって、これまでに多くの組織内および組織間の衝突があったが、これらの問題が生じた背景にもイデオロギー的立場の相違があった（Bartra and Otero 2005）。組織の分裂に直面した小規模の組織や組織内派閥は、新たにTAMと提携関係を結んだり、既存の提携関係を強化することがある[7]。これはTAMの力を借りて組織としての正当性を強化し、物的資源へのアクセスを確保することを目的としている。

　イデオロギーの差異は、ときとして国内の組織のみならず、異なる国の組織どうしの対立を招くこともある。たとえば、ブラジルのMSTとセネガルのCNCRは、政府や国際開発機関の関係のあり方や、実際に関係を持つか否かをめぐって異なる立場をとっている。MSTは、組織の独立を確保したうえで、農地問題に限っては政府機関と提携する方針をとっている。また、MSTはビア・カンペシーナと同様、世銀に対して敵対的な立場を示す。CNCRはROPPA（第1章参照）とビア・カンペシーナのメンバー組織であり、これらのTAMには複数の政府後援組織が加盟するが、CNCRは世銀と協調的な関係を持ちつつ、交渉と抗議運動を組み合わせた活動を展開している。組織間の

方向性の違いは、組織の持つ社会的背景や、それぞれの階級がたどってきた社会的、政治的歴史に起因する。

結論

　ビア・カンペシーナのような大型のTAMの多くは、多様な階級にまたがるアライアンスによって構成されている。このようなアライアンス関係におけるメンバーの多様性と広がりは、複雑さ、あるいは豊かさをもたらしている。しかし、多様な階級を含むアライアンスは、階級ごとの利益の相違、それ以上に階級どうしの利益や立場の競合関係を覆い隠してしまうことがある。「大地の民」や「大地の労働者」が中心となった運動でさえも、こうした問題を曖昧にしがちである。

　たとえば、農作物の出荷価格の引き上げに関する要求は、運動の多様な支持者層に対して異なる形で影響をもたらす。出荷価格の引き上げによって小規模生産者は恩恵を受けるだろうが、食料を購入する者は飢えに苦しむ可能性が高いからである。このような格差問題は階級以外にも、アイデンティティ（エスニシティ、世代、ジェンダー）の影響も受ける。したがって、ビア・カンペシーナのような組織は、「多階級・多アイデンティティ横断型アライアンス（multi-class, multi-identity alliances）」と表現すべきかもしれない。

　階級やアイデンティティは、運動を結束させることもあれば、分裂させることもある。また階級とアイデンティティの問題について理解するうえで、イデオロギーは重要である。大きな規模のTAMの内部には、多様なイデオロギー的立場、傾向、影響が存在する。イデオロギーの多様性の持つ重要かつ困難な側面は、複数のイデオロギーの存在そのものではなく、それらのイデオロギーどうしの対立にある。これは階級の問題と同様である。

　このように複数存在するイデオロギーが、互いに対立する関係にあるという状況を確認したうえで、分析の視点を大規模で世界的な社会運動に参加する組織間の関係へと移していきたい。農民組織は、それぞれが独立して活動しているのではなく、互いに連携し、競争する。このようにながめることで、TAMが「アクター」であると同時に「活動の舞台」であるという実態を知ることができるだろう。また、これらの二つの側面が、いかに相互に影響を与えているかを理解することができるだろう。

第3章
国境を越える農民運動間の階級、アイデンティティ、イデオロギーの違い

　第2章では、規模の大きな国境を越える農民運動の内部に存在する差異について議論した。本章では、TAM 内部の分析と同様、階級政治を分析の出発点として、規模の大きい TAM 間の差異について議論する。

　ビア・カンペシーナは、過去20年の世界的な社会正義(ソーシャル・ジャスティス)運動のなかで、最も著名かつラディカルな TAM である。だからといって、ビア・カンペシーナ以外の TAM が重要でないというわけではない。TAM のなかには、他よりも高い知名度のものもあれば、政治的にさらにラディカルな運動もある。また、TAM どうしは、階級的基盤、アイデンティティ、イデオロギーなどに根ざした多様な関係を構築している。これらの要素もまた、大きな規模の TAM 内部に亀裂をもたらす要素ともなっている。TAM どうしの関係は流動的かつ恒久的なものではない。したがって、運動間では、議論と交渉が常に行われている状態にある。

　TAM に関する研究の多くはビア・カンペシーナに焦点を当てており、TAM どうしの政治力学や動態を体系的に分析した研究は少ない[1]。しかし、TAM やその他の社会運動は、互いに影響を与え合いながら運動を形づくっているため、一つの TAM を他の TAM やグローバル・ジャスティス運動と切り離して分析することはあまり有用ではない。TAM どうしの関係性について知ることは、TAM の政治を幅広い視点から理解することに役立つだろう。また、TAM の代表権や仲介活動、動員をめぐる課題について考えるうえでも重要である。

　本章も主な焦点をビア・カンペシーナに当てるが、ビア・カンペシーナと他の主要な TAM、国際農業生産者連盟（IFAP）、世界農業者機構（World Farmers' Organization: WFO）、国際土地連合（ILC）、食の主権のための国際計画委員会（IPC）、アジア農民連合（APC）との関係についても分析を加える。また本書では、ビア・カンペシーナ以外の TAM にも焦点を当て、それらの階級、ア

イデンティティ、イデオロギー的背景を検証し、ビア・カンペシーナと他のTAMの違いに関する分析を体系化することで、TAM研究の議論をより豊かにすることを目指す。

　本書で分析の対象とするTAMの形態は様々ではあるが、共通する点としては「社会正義」の問題にいずれの運動も取り組んでいることが挙げられる。ただし、この概念をどのように解釈し、どのように追求するかはTAMごとに異なっている。たとえば、アナ・ツィング（Anna Tsing）は、環境運動や社会正義に関わる運動について、以下のように述べている（Tsing 2005: 13-14）。

> グローバルな視点で物事を考えるという選択肢ができたことは、あらゆる種類の社会運動にとって、問題の背後にある国際的な要因について想像をめぐらせる契機となった。同時に、政治のグローバル化は独自の政治的課題をもたらした。たとえば、社会正義に関する目標を設定する際に、異なる社会階級、人種、ジェンダー、国籍、文化、地域の人びとのみならず、南の国々と北の国々、世界各地の巨大都市とその周辺の地方や農村との間で協議を行わなくてはならなくなったからである。20世紀の階級に基づいた連帯モデルは、その同盟者どうしが対等な立場に並ぶことを要求する。しかし、実際に同盟者どうしが足並みをそろえるケースは稀である。列を崩すことを意図していないにもかかわらず、それぞれが、それぞれの方向へとはみ出してしまうからである。ある人が生み出した摩擦は、いずれ全員の軌道を変えてしまうだろう。

　そこで本章では、TAM内部あるいはTAMどうしを結びつける要素と、分断する要素を明らかにしていきたい。これにより、なぜ特定のTAMが、特定のイシューや主張の枠組みづくりを、どのように行い、特定の様式の集合行動を展開し、特定の国家や非国家主体との交流を望むのかを深く理解することが可能となる。

　同様に、本書では、開発実務者が陥りやすい次の典型的な三つの思考パターンを回避するための道筋を提供したい。それは、(1) TAMを同質アクターの集合体としてとらえること。さらに、TAMの存在価値を考慮するうえで、対象の地理的、政治的、政治空間にTAMが「存在しているか否か」という単純な基準に問いを還元してしまうこと、(2) TAMを統合あるいは分断させる

要因を、狭義の「縄張り」争い（たとえば資金をめぐってのTAM間の競争）や、TAMの個性や指導者の差に矮小化してとらえること、そして（3）TAMが組織として統一されている状態を手放しに賞賛し、一方で組織の対立や分裂を有害なものとして扱うことである。

農民層分解とアイデンティティ政治

ビア・カンペシーナ、IFAP、そしてWFO

　ビア・カンペシーナは、現在活動停止中のIFAPに対抗する組織として、主要な全国規模ならびにリージョナルレベルの農民運動によって設立された。1980年代後半、全国規模の農民運動に参加するアクティビストの多くは、国際ガバナンスの空間におけるIFAPの長期覇権に懸念を持つようになっていた。IFAPが、農村の労働者階級のなかでも、貧困層や周縁的立場に置かれた人びとではなく、裕福な農民の人びとを代表し、本部を先進国の首都であるパリに置いていたからである。

　第2章で述べたように、1993年ベルギーのモンスにおけるビア・カンペシーナ設立の背景には、独立した運動の設立を望む各国の全国レベルの農民運動と、モンス会議の資金提供者であり、会議に参加した組織のIFAPへの加盟を望むNGO（パウロ・フレイレ財団）との軋轢があった。このようなIFAPとIFAP以外の農民運動間の対立は、GATTウルグアイ・ラウンド（1986〜1994年）において表面化した。特に、米国農業連盟（American Farm Bureau Federation）、カナダ農業連盟（Canadian Federation of Agriculture: CFA）、欧州連合農業専門組織委員会（Committee of Professional Agricultural Organisations in the European Union: COPA）が、現在に至るまで政治的に影響力を持ち続ける米国やヨーロッパの地域における、IFAPと非IFAPの対立を顕在化させる役割を果たした。

　これらの事実をふまえると、米国やヨーロッパでオルタナティブ（代替的）なビジョンを掲げる組織、たとえば米国の全国家族農業連合（National Family Farm Coalition: NFFC）、カナダの全国農民組合（National Farmers' Union: NFU）、欧州農民調整委員会（European Farmers' Coordination: CPE）がビア・カンペシーナの創立メンバーに名を連ねていたことは驚きではない。もとよりこれらの組織は、支配的な勢力を構成するIFAPやその関連組織の外部に独立した空間を形成することを目指しており、ビア・カンペシーナの設立はそのような取り組みの延

長線上に位置した。ビア・カンペシーナとIFAPを少し比較してみれば、階級とアイデンティティの政治力学（動態）が、TAMを分析するうえで重要な要素であることは明白である。

IFAPは、「79か国の120の全国レベルの組織に加盟する、6億の家族農家を代表する世界的な農民組織」であり、「1946年以来、国際的な舞台において農民の利益」を擁護し続けてきた、との主張を行っていた（IFAP 2009）。IFAPは北と南の小・中・大規模の農民組織によって構成されていたが、実質的にIFAPを支配していたのは先進国の組織であった。途上国のIFAP加盟組織の多くは中規模・富農組織であり、それらの多くはアグリビジネス志向の起業農家（中産階級）によって主導されていた。1946年に設立されたIFAPは、政府間機関における公式代表権を獲得し、農業分野の主要組織として名を馳せた。

IFAPには多様な政治的立場の人びとが存在したが、全体の方針は経済面で優位に立つメンバーの立場を反映していた。1946年から2008年まで、IFAPの歴代会長と事務局長は、その全員が先進国出身の白人男性であった。設立から60年後の2008年になって初めて、途上国出身の会長がザンビアから選出された。

IFAP内部の階級とアイデンティティをめぐる政治は、IFAPの政治姿勢にも影響を及ぼした。IFAPと提携する組織の多くは、市場の自由化について懸念を示しつつも、中道右派の政党を支持する傾向を示した（Edelman 2003）。IFAPは概して新自由主義を好機としてとらえ、新自由主義的な政策をおおむね支持しつつ、農業分野に利益がもたらされるよう、とるに足らない政策変更を促しただけであった（Desmarais 2007）。

IFAPの「市場志向の解決策」に親和的な姿勢は明らかであった。IFAPが農村の最貧困層にとって最も切迫した問題である賃金や農地再配分に関して、一度も要求や動員を行わなかった理由はこの姿勢にあった。IFAPの鍵となる文書の詳細なる分析からは、IFAPが農作物や貿易に関する課題を重視していたことが読みとれる。対照的に、ビア・カンペシーナの文書からは、農地問題に関する政治的論議に焦点を当てていることがみてとれる。

また、IFAPはFAOや世銀といった国際機関との交渉、協働、公的なパートナーシップの提携に積極的であったが、ビア・カンペシーナは国際機関との交渉、協働、パートナーシップの提携に加えて、これらの機関に対する抗議活動、大規模デモストレーション、市民的不服従、法の枠外での土地占拠、遺伝子組み換え作物の無断伐採などを行った。

IFAP の前会長でカナダ農業連盟のジャック・ウィルキンソン（Jack Wilkinson）は、組織の立場を次のように的確にまとめている。「IFAP は世銀、国連、国際金融基金、FAO などが食料政策について議論を行う場面で、農民の視点をとり入れたいときに、頼りにされる農民組織としての地位を獲得した（Western Producer 2011）」。

2008年に農産物の市場価格が急騰し、数十か国で食料暴動が巻き起こった際、市民団体や社会運動は、食料価格の高騰とその後に生じた飢餓問題の元凶の一つとなったバイオ燃料作物の栽培に反対する数々のキャンペーンを立ち上げた。しかし、IFAP が 2008 年の世界食料危機のピーク時にバイオ燃料に関して示した見解は、IFAP が重視する農業政策への立場を明確に示すものであった。

> IFAP の農民にとって、食料と飼料の生産は今なお最優先事項である。しかし、バイオ燃料は新しい市場機会だ。バイオ燃料は生産リスクを分散させるという点で、農村開発を促進するうえで役に立つだろう。バイオ燃料は交通機関の温室効果ガスの排出を抑制し、気候変動を緩和するための、現存する最善の選択肢である。［…］近年、バイオ燃料は食料価格の急騰の原因として非難の対象となっている。しかし、食料価格高騰の背景には、悪天候による生産量の不足や、食生活の変化に伴う需要の変化など、様々な要因が存在する。［…］バイオ燃料に関する誤解を解くことは、長い間低賃金に苦しんできた農業コミュニティにとって重要な課題である。バイオ燃料の生産は、それが持続可能性の基準に適合しているなら、農村の経済発展と貧困削減をもたらすよい機会の一例となるだろう。家族農家による持続可能なバイオ燃料作物栽培の拡大が、全体としての食料生産量を脅かすことはない。代わりに、農民に利益をもたらし、農村コミュニティを再活性化する機会をもたらすだろう（IFAP による FAO での宣言より引用、2008: 97）。

この IFAP の見解とは対照的に、ビア・カンペシーナはバイオ燃料作物栽培に反対の立場をとる。ビア・カンペシーナによると、バイオ燃料の推進は世界規模の土地収奪を引き起こす主な要因であり、気候変動への間違った対策であるという。なお、この見解は、後に主流派の環境団体の報告書にも採用されている（Searchinger and Heimlich 2015）。IFAP は「家族農家」と「貧困削減」を重

視する方針を採用したものの、バイオ燃料に関しては裕福な商業農家の意向を反映する立場をとったのである。

　IFAP は 2010 年に崩壊した。これは、IFAP を団結力や影響力のある強力な組織ととらえていた多くの人びとに、驚きをもたらす出来事となった。IFAP を活動停止に導いたのは、財政問題と内部のガバナンス問題であった。

　IFAP 解散時のパリ大審裁判所（Tribunal de Grande Instance de Paris）の公式記録からは、IFAP がオランダの NGO、アグリテッラ（Agriterra）という単一の資金源からのプロジェクト融資に過度に依存してしまったことが、IFAP 倒産の要因となった。アグリテッラと IFAP は、「反貧困農民プログラム 2007〜2010 年（Farmers Programme Against Poverty 2007-2010）」を共同実施する予定であった。この件について、のちにジャック・ウィルキンソンは次のように述べている。「（アグリテッラが）複数の開発プロジェクト費を滞納し始めた頃から、（IFAP は）破産への道をたどり始めた」（Western Producer 2011）。

　裁判所の記録によると、アグリテッラは IFAP に約束した 2008 年度資金の一部と 2009 年度の全額の支払いを拒否し、IFAP に 50 万ユーロの赤字を負わせたとされている。アグリテッラがこのような役回りを担ったことは、皮肉ですらある。アグリテッラの前身パウロ・フレイレ財団が、1993 年のビア・カンペシーナの設立会議で重要な役割を果たしたからである。ただし、同財団が会議に参加した運動を IFAP に取り込もうと画策したことは、第 2 章ですでに取り上げた通りである[2]。

　IFAP とアグリテッラ間の金銭問題と同時に、両組織の内部でも争いが生じた。この内部抗争は、組織内の地域的および人種的対立を反映するものであった。2008 年、ザンビア出身のアジェイ・ヴァシー（Ajay Vashee）が IFAP 初の有色人種の会長に選出されたが、フランスの裁判記録には以下のように記されている。

　　当時の IFAP には「ガバナンス上の」問題が存在した。IFAP の会長は多くのメンバーから支持されておらず、さらに会長と事務局長との間にも対立があった。会長を交代させるためには総会を開催する必要があったが、当時の IFAP の財政状況ではこの実現は不可能であった（Tribunal de Grande Instance de Paris 2010: 3）。

さらに、ウィルキンソンは以下のように明確に述べている。

> ヴァシーのリーダーとしてのふるまいにも問題があった。IFAP を支援したいと申し出てくれた組織との会合を設定しても、ヴァシーは現れなかった。これはパートナー組織と協力して仕事をするうえで好ましい姿勢ではない。また多くの場合、ヴァシーは、他者からのアドバイスを彼の権威への挑戦としてとらえた（Western Producer 2011）。

IFAP の解散から1年後、IFAP のメンバーとイデオロギーをそのまま引き継ぐ組織が現れた。南アフリカのステレンボッシュ（Stellenbosch）で設立された WFO である。WFO は、IFAP の後継組織と見なされることが多い。WFO の宣言文には、次のような目標が書かれている。

> WFO の使命は、世界中の農民組織と農業組合をつなぎ合わせ、極小・小規模・中規模・大規模農民による世界的な農民コミュニティを代表することにある。[…] WFO は特に小規模農民に焦点を当て、バリューチェーン内における農民の立場強化を目指す。WFO は農民の立場から提言を行い、国際的な政治フォーラムの場で農民の利益を代表することにより、農民が市場の極端な価格変動に対処し、市場機会を有効活用し、市場の情報をいち早く得られるよう支援を行う（WFO 2014）。

WFO の活動は、食料安全保障[*]、気候変動、バリューチェーン、農業と女性、貿易、契約栽培の六つの領域に焦点を当てている。これは IFAP の活動テーマとよく似ている。これに対して、ビア・カンペシーナの活動テーマは、農地改革と水、生物多様性と遺伝子資源、食の主権と貿易、女性、人権、移民と農村労働者、持続可能な小農農業、若者などである。

WFO やビア・カンペシーナには、様々な国に加盟組織が存在するが、それぞれの組織の階級基盤は著しく異なる。いくつかの例を挙げてみたい。南アフ

---

[*] 日本では food security の訳語として「食料安全保障」がかなり定着しているため、本シリーズではこれを使用する。ただし、「安全保障」という言葉は国家的、軍事的なニュアンスが強く、後に扱う VGGT や草の根運動の意図を正確に反映させるのであれば、「食料保障」と訳すべきであろう。

リカでは、WFO には南アフリカにおけるアフリカ人農民連合（African Farmers Association of South Africa: AFASA）や南アフリカ農民本部（Home of the South African Farmer: AgriSA）が加盟し、ビア・カンペシーナには土地なし人民運動（LPM）が加盟する。オランダでは、前者には農業園芸機関（Dutch Land and Horticulture Organization: LTO）、後者にはオランダ人耕作農業組合（Dutch Arable Farming Union: NAV）が加盟する。アルゼンチンでは、前者にはアルゼンチン農村協会（Argentine Rural Society: SRA）、後者にはサンティアゴ・デル・エステロ小農運動（Peasant Movement of Santiago del Estero: MOCASE）が参加する。そしてジンバブウェでは、前者には商業農家組合（Commercial Farmers Unio: CFU）、後者にはジンバブウェ小規模有機農家フォーラム（Zimbabwe Small Organic Smallholder Farmers Forum: ZIMSOFF）が加盟している。

　これらの事例は、WFO とビア・カンペシーナの加盟組織の階級上の差異を明示する。リージョナルレベルでは、ヨーロッパの事例が参考になる。たとえば、WFO には全国レベルの大規模農民組織の連合体であるヨーロッパ連合プロフェッショナル農業組織委員会（COPA）、ビア・カンペシーナにはビア・カンペシーナ・ヨーロッパ調整委員会（European Coordination Vía Campesina: ECVC）が加盟し、前例と類似のコントラストを見出すことができる。なお、いずれもの例も、富農「対」貧農の古典的な分断状況を表している。

　つまり、現在の世界には異なる階級に根ざした2種類の世界規模の農民ネットワークが存在し、そのいずれもが世界の小規模農民を代表する組織として主張しているのである。たとえば、「土地を基盤に生計を立てるすべての人びとの健康を促進し、適切で安定した報酬の維持を保障する」という目標は、ビア・カンペシーナとその仲間が掲げる「大地の民」のビジョンを表しているようにみえる。しかし、実はこの目標は、IFAP 規約の冒頭の一節であった。

　ビア・カンペシーナと IFAP/WFO の立場を分ける政治力学は、グローバルな開発政策の形成においても深い示唆を与える。ただし、階級分析の視点を欠いたまま、ビア・カンペシーナと IFAP/WFO を区別したり、この違いがなぜどのように重要なのかを説明することは難しい。ビア・カンペシーナやその加盟組織が用いる「大地の民」、「地元の人びと」、「農民の声（farmers' voice）」、「地域コミュニティ」などの表現は、運動間の重要な階級格差を覆い隠してしまうことがあるため、分析の際に必ずしも有用ではない。

運動内運動：ビア・カンペシーナとIPC

ビア・カンペシーナはしばしば「運動内運動（movement of movements）」と呼ばれる。農民運動の世界では、この「運動内運動」という表現は、多様な階級とアイデンティティに根ざした勢力が結束する様子を表す。農業分野で働く者の階級は多様かつ多元的であり、この多様性はエスニシティ、ジェンダー、地域や世代、その他の次元に沿って生ずる、複雑なアイデンティティ政治によってもたらされている（第2章参照）。

「運動内運動」がビア・カンペシーナに当てはまるとするならば、IPCはさらにこの表現にふさわしい運動といえるだろう。IPCは、食料政策と食の主権の問題に取り組む、世界最大規模の国際社会運動ネットワークである。農村関係者が支配的地位を占めてはいるものの、農村ならびに都市セクター、農民ならびに非農民グループをまたぐ形でIPCはつくられており、様々なセクターを越えるアライアンスを形成してきた。

IPCは1996年にローマで開催された世界食料安全保障サミットの際に設立され、図表3.1に示す多様な運動がネットワークを活性化させ、政治的な連携を行ううえでのプラットフォームを提供してきた。IPCの設立と統合の過程においては、クロセヴィア（Crocevia）、漁撈者支援のための国際共同体（International Collective in Support of Fishworkers: ICSF）、持続可能な開発と環境センター（Centre for Sustainable Development and Environment: CENESTA）などのNGOが重要な貢献を果たした。特にICSFとCENESTAは、牧畜民と漁師といった重要なグループをIPCのネットワークに引き込む役割を担った。

ビア・カンペシーナもIPCに加盟しているが、IPCの組織構造はビア・カンペシーナと比べると緩やかなものとなっている。IPCを「ネットワーク内ネットワーク」、あるいは「連合体内連合体（coalition of coalitions）」と呼ぶこともできるだろう。IPCはテーマごとに作業部会を組織化しており、2013年には土地、農業における生物多様性、漁撈者、「責任ある農業投資」（Responsible Agricultural Investment: RAI）、アグロエコロジー、先住民族、牧畜民といったテーマの作業部会が存在した。

IPCは、今後本格的な研究がなされ、別の本を書くに値する重要な組織である。しかし本書の目的は、IPCについて詳細な分析を行うことではなく、IPCの事例から国境を越える農民運動に関する研究に役立つ洞察を得ることにある。これをふまえたうえで、以下に重要なポイントをいくつか挙げておきたい。

図表3.1 IPC に加盟する社会運動一覧

国際的な運動	
La Vía Campesina (LVC)	ビア・カンペシーナ
World Forum of Fisher Peoples (WFFP)	漁民のための世界フォーラム
World Forum of Fish Harvesters and Fish Workers (WFF)	漁撈者および漁業労働者のための世界フォーラム
World Alliance of Mobile Indigenous People (WAMIP)	遊牧先住民族のための世界アライアンス
International Union of Food, Agricultural, Hotel, Restaurant, Catering, Tobacco & Allied Workers' Associations (IUF)	国際食品関連産業労働組合連合会
International Indian Treaty Council (IITC)	国際インド条約会議
Habitat International Coalition (HIC)	ハビタット（人間居住計画）国際同盟
World March of Women (WMW)	世界女性マーチ
International Federation of Rural Adult Catholic Movements (FIMARC)	カトリック農村成人運動国際連盟
International Movement of Young Catholic Farmers (MIJARC)	カトリック青年農民国際運動
地域的な運動	
Network of Peasant and Agricultural Producers Organizations of West Africa (ROPPA)	西アフリカ小農・農業生産者組織ネットワーク
Regional Platform of Peasant Organizations of Central Africa (PROPAC)	中央アフリカ小農組織地域プラットフォーム
Asian Rural Women's Coalition (ARWC)	アジア農村女性連合
Coalition of Agricultural Workers' International (CAWI)	国際農業労働者連合
Arab Network for Food Sovereignty (ANFS)	アラブ食の主権ネットワーク
Latin American Agroecological Movement (MAELA)	中南米アグロエコロジー運動
Continental Network of Indigenous Women (ECMI)	先住民族女性大陸ネットワーク
Coordinator of Andean Indigenous Organizations (CAOI)	アンデス先住民族組織調整委員会
Coordinator of Organizations of Family Producers of the Mercosur (COPROFAM)	メルコスール家族生産者組織調整委員会
Australian Food Sovereignty Alliance (AFSA)	オーストラリア食の主権アライアンス
US Food Sovereignty Alliance (USFSA)	米国食の主権アライアンス

　第1に、食料・農業政策の分野で活動を行う国境を越える社会運動（農民運動に限らない）は、異なる階級、支持者層、イデオロギーに基盤を持つ人びとによって構成されている。IPCを構成するのは、小規模・中規模農家、土地なし農村労働者、小規模の漁民や牧畜民である。世界各地で政治的に重要な役割

を担うラディカルな全国規模の農村社会運動の大半は、IPC と直接的あるいは間接的に関係を持つ。

　しかし、世界各地で政治的に重要な役割を担う裕福な中規模・大規模農家によって構成される農民組織（解体前の IFAP、現在の WFO との提携組織を含む）の多くは、IPC と関係を持たない。農村の労働者階級のより貧しい層に属する人びとどうしの政治的な連帯意識は、IPC のような世界規模のネットワークに彼らを吸い寄せる一方で、IFAP や WFO などの裕福な農村セクターのネットワークから遠ざけている。

　第 2 に、1996 年に様々な社会運動が IPC を設立した背景には、生産者と消費者の間で幅広く共有されたアイデンティティと問題意識があった。一般に、IPC の加盟組織は、自分たちと基盤を共有する人びとの利益にとって、新自由主義的グローバリゼーションは悪い影響をもたらすものととらえている。また、現在のグローバルなフードシステム（food system）は、食料生産者に対し適切な報酬を支払っていないとも考える。さらに、世界の飢える人びとを食べさせることにも失敗しているとの見解を有する。IPC にみられるこれらの一致した見解は、加盟組織の階級的出自とイデオロギーに根ざしており、「食の主権」というオルタナティブな指針を軸とするアイデンティティ政治の形成へとつながっている。

　IPC は、ビア・カンペシーナや他の運動とともに、1996 年の世界食料サミットを機会ととらえ、「食の主権」を推進し始めた。IPC によると、食の主権は FAO やサミット参加国が焦点を当てる「食料安全保障」に代わる、オルタナティブな枠組み（パラダイム）だという。

　IPC は、少なくとも三つの政治的局面におけるアドボカシー活動を通じて成長し、組織の基盤を固めてきた。それらは、(1) 1999 年以降の WTO 交渉への抗議活動、(2) 2006 年の FAO による「農地改革と農村開発に関する国際会議（ICARRD）」に向けた準備段階、(3) 2008〜2009 年の世界食料価格高騰とそれ以後、そして FAO の「世界食料安全保障委員会（CFS）」での「ナショナルな食料安全保障の文脈における土地、漁業、森林の権利に関する責任あるガバナンスのための任意ガイドライン（Voluntary Guidelines on the Responsible Governance of Tenure of Land, Fisheries and Forests in the Context of National Food Security: VGGT）」[*] に関する交渉である（Seufert 2013）。そして、世界食料サミットを忘れるわけにはいかない。

これらの重要な局面において効果的なアドボカシー活動を実施し、オルタナティブな政策を実現するための取り組みを進めていくうえで、組織としては幅広く、しかしイデオロギー的に統一された「連合内連合」が不可欠であった。このような流れを受けて、IPC は動的な国際社会運動のアクターとして台頭し、今なお勢力を保ち続けている。IPC はビア・カンペシーナほど知られていないが、グローバル・キャンペーンにおいてビア・カンペシーナと同程度に重要な組織である。

第3に、1996年下半期の世界食料サミットの文脈で IPC が設立された主な理由の一つは、IFAP の覇権に異議を唱えることにあった。IFAP は1946年来、国連で家族農家を代表する立場を独占してきた。しかし、前章で述べたように、ビア・カンペシーナが設立された主な動機の一つとして、多くの全国規模の農民運動の IFAP に対する強く幅広い反感があった。これらの運動は、IFAP を先進国の裕福な農民の利益を代弁する組織として認識していたからである。

ただし、ビア・カンペシーナもまた、1996年の世界食料サミット以前の段階においては、国際舞台で IFAP に対抗できるほど知られておらず、力も持ち合わせていなかった。サミットの1年前に発足した「漁撈者および漁業労働者のための世界フォーラム（World Forum of Fish Harvesters and Fish Workers: WFF）」などの農業以外のセクター別運動は、食の小規模生産者が集う広範なプラットフォームづくりに貢献し、IPC による IFAP への対抗を可能とした。

IPC とその加盟団体が IFAP にただ異議を唱えることを越えて、国際ガバナンス空間における草の根組織の代表権をめぐる慣習への挑戦に成功したことは重要である。なお、この慣習には、草の根組織に与えられた参加権を NGO が独占する状況などが含まれていた（次章を参照）。この成功は、農業従事者の運動が、国際ガバナンスの場に独自空間をつくり出すことを実現した。さらに、以前は分散してばらばらに活動していた各運動が、視野を広げ、政治的勢力を

---

*）日本の農林水産省は VGGT を「国家の食料安全保障の文脈における土地所有、漁業、森林の責任あるガバナンスのための任意ガイドライン」と訳しているが、「national」は国家（state）というよりは、「全国民を包摂する一国レベル」を意味しており、国民を念頭に置いた用語である。また「tenure（保有権、所有権）」は土地だけでなく、漁業や森林にもかかっており、かつここでの「tenure」は「所有権」を超えて「アクセス権」を含むもので、コミュニティが歴史的に培ってきたものが含まれる。そのため、同省の訳は国家備蓄などを想起させるとともに、地域の人びととの土地、自然資源、森林へのアクセス権利の範囲を狭めかねない、内容に沿っていない不適切な訳といえる。

結集させるようになった。このように、IPC は、国連組織や関連機関が関与する公的な場で、IFAP（と後の WFO）に対抗し競合する組織として台頭したのである。

しかし、国際ガバナンス機関で存在感を維持するには、IPC は IFAP がかつて行っていたものと同様の活動に取り組む必要があった。それは、ガヴェンタとタンドン（Gaventa and Tandon 2010）が「招かれた空間（invited spaces）」と表現する場で実施される、交渉とロビー活動である。しかし、IFAP とは対照的に、IPC と加盟組織は、彼らの主戦場はそのような公的空間の外側にあると考えていた。

最後に、IPC のように格段に規模の大きい TAM は、社会階級とイデオロギー的傾向がおおむね一致しているとしても、TAM に加盟する運動どうしが相互作用し合う場でもある。加盟組織は親密にもなれば、競争相手にもなり、互いの運動に影響を及ぼし合い続ける。似た状況は、ビア・カンペシーナの農地問題へのアプローチの変遷にも見出せる。

ビア・カンペシーナが設立された 1993 年から 2000 年代初頭まで、ビア・カンペシーナの土地キャンペーンは、農地改革という狭い枠組みのなかで議論されていた。キャンペーンの主眼は、世銀による市場主導型の農地改革に異議を唱えるアドボカシー活動にあった。2006 年に FAO が開催した「農地改革と農村開発に関する国際会議（International Conference on Agrarian Reform and Rural Development: ICARRD）」といった国連の公的協議の場では、ビア・カンペシーナではなく IPC が農民運動を代表する権利を得た。この結果、「土地」を農業用地の区画に限らず「テリトリー（領地）」として扱うことにつながり、以後、土地問題はより広い枠組みのなかで議論されるようになった（Monsalve 2013）。

重要な点としては、「テリトリー」という言葉に集団的権利と排他的所有権の両方の意味が含まれることが指摘できる。「土地」と「テリトリー」という二つの枠組みの混乱の背景には、階級とアイデンティティをめぐる政治が存在する。たとえば、小規模農民、土地を持たない人びと、先住民族、牧畜民は、「土地」と「テリトリー」を顕著に異なる意味でとらえる。特に先住民族と牧畜民は、歴史的経験から農地改革に対して慎重な姿勢をとる傾向にある。これを受けて、ビア・カンペシーナは近年、グローバルな土地キャンペーンを「土地とテリトリー」という枠組みで実施するようになっている（Martínez-Torres and Rosset 2013）。

イデオロギー

ビア・カンペシーナ、IFAP、そしてWFO

　WFO（そして解散前のIFAP）は、小規模・中規模・大規模の商業農家がグローバルな資本主義システムから利益を受けられるようにすることを、イデオロギー上の目的としてきた。そのため、前身のIFAPと同様、WFOは国際金融公社（IFC）、世銀、WTOを主要な協力者とする。対照的に、ビア・カンペシーナはこれらの機関を小農の「敵」と見なす。

　またWFOは、「バリューチェーン内における農民の地位向上を目指し、[…] 農民が市場の極端な価格変動にうまく対処し、市場機会を活用し、市場の情報をいち早く得られるように支援を行うこと」を目指すと表明する（WFO 2014）。つまり、WFOの使命は、生産者を市場と貿易に結びつけることにある。他方、ビア・カンペシーナは、企業による支配からの小農の独立を重視しており、「人びとの暮らしと自然を破壊する企業主導の農業や多国籍企業の活動に強く反対」している（Vía Campesina 2011）。また、ビア・カンペシーナが世界的な反GMOキャンペーンで知られるのに対し、WFO/元IFAPの主要加盟組織はGMOの使用を支持している。たとえば、ザンビア全国農民連合（Zambia National Farmers Union: ZNFU）のリーダーでありWFO副会長のジャーヴィス・ジンバ（Jervis Zimba）は、2010年ザンビア政府に対し、GMOを不認可とする決断を無効にするよう要求した。その際ジンバは、GMOは収量を上げることを可能とし、農民が貧困から抜け出す手立てとなるため、小規模農業にとって有益であると訴えた。

> わが国の小規模農家は、[…] 特に綿花農場でならば、より少ない投入で現在の10倍の生産量を上げることができる。つまり、バイオテクノロジーの導入は生産コストを下げ、わが国の小規模農民に多大な利益をもたらすことが示唆されているのである（AgBioWorld 2010）

　なお、ZNFUは、2010年解散当時のIFAP会長アジェイ・ヴァシーがリーダーを務めた組織である。

　ビア・カンペシーナを一方に、IFAPとWFOを他方に置くとき、両者の階

級やイデオロギーの差異は、国家間やリージョン間で比較するとより明確になる。たとえば南アフリカのビア・カンペシーナの加盟組織は、土地なし民衆運動（LPM）である。LPM は発足以来、組織的にも政治的にも脆弱な駆け出しの運動のまま、現在に至っている（第4章参照）。LPM の支持者は少なく、しかも減少傾向にあるが、LPM を支持するのは主に南アフリカの農村や郊外コミュニティの中でも土地を持たない人びとであり、経済的に安定した商業志向の農民の大半は LPM に加盟していない（Baletti *et al.* 2008）。これは小規模か大規模かを問わず、顕著な傾向である。LPM の支持者はいずれも、アパルトヘイト政策により土地などを奪われた貧しい南アフリカ黒人である。

他方、IFAP の南アフリカ代表を務めるのは AgriSA である。AgriSA は、1904年に結成された白人商業農家を代表する南部アフリカ農業連合（South African Agricultural Union: SAAU）の流れを汲んで設立された。アパルトヘイト終焉後の1994年、農民組織内部における人種差別撤廃のプロセスで、SAAU は組織名称を AgriSA に変更し、黒人商業生産者を役員に迎え入れた。AgriSA は、2008年以降の世界的な土地争奪を受けて、アフリカ各地での大規模土地取引に莫大なビジネス機会を見出した組織の一つである。AgriSA によると、彼らが土地取引に参入したのは「南アフリカ国内の『自然資源と農地が不足』しており、国内の商業農家がアフリカの他地域への参入を望んだ」ためであったという（Hall 2012: 827）。

2010年後期の時点で、AgriSA は食料とバイオ燃料の商業生産を目的とした大規模な土地買収の交渉を、アフリカ大陸内の22か国の政府と行っていた。コンゴ民主共和国内だけでも20万ヘクタールの土地が取引の対象となっており、AgriSA には国有地を1000万ヘクタールまで買収できるオプションが与えられていた。つまり AgriSA は、メディアが「土地収奪者」と呼ぶアクターの代表格ですらあったのである（Hall 2012）。

AgriSA はかつて IFAP に加盟し、現在は WFO の主要メンバーであり、2011年の WFO の設立会合を主宰した。商業農家中心の AgriSA と WFO にとって、大規模土地取引はビジネスチャンスにほかならない。他方のビア・カンペシーナは、このような土地取引は小農や農村の人びとの強制移住を伴う「土地収奪」であると訴える。

ビア・カンペシーナと ILC

2008〜2009年の世界食料危機後、土地政策のアドボカシーに関わるもう一つ別のイニシアティブが勢いを得た。国際土地連合（International Land Coalition: ILC）である。ILCは1996年に結成され、当初は「飢餓と貧困を撲滅するための民衆連合（Popular Coalition to Eradicate Hunger and Poverty）」と命名されていたが、2003年にILCに改名された。ILCは世銀やIFADなどの国際金融機関（international financial institutions: IFIs）と政府間機関（ヨーロッパ委員会、FAO）、そして複数のNGO（世界自然保護基金WWFなど）による世界的な連合組織である。IFAPはILCに加盟し、ILCの理事を務めていた。ILCは、農家の出身ではない専門家によって指揮されるとともに、その国際事務局はローマのIFAD内に設置され、資金もIFADから提供されていた。

以上にみられるILCの成り立ちは、世界的な土地政策形成に関与する多くのアクターにとってILCを重要なものとしたが、それ以外にとってはむしろ問題とされた。ILCは多様な立場の人びとを包含すべき国際的な連合組織であるにもかかわらず、ビア・カンペシーナなどが問題視する国際金融機関との関係が深いからである。

たとえば、ILCの前ディレクターは、世銀が2003年に開始した新しい土地政策に至る過程が「民主主義的なものであった」と称賛している（World Bank 2003）。世銀もまた、同行のILCへの影響力を好ましく思っていることが明らかになっている。世銀の独立評価グループ（Independent Evaluation Group）は、「世銀スタッフは、ILCの知的基盤を構築するために必要とされる、信頼に足る分析を促進するうえで重要な役割を果たす根拠を（ILCに）提供し、［…］土地問題について、世銀土地課題グループ（Bank Land Thematic Group）と世銀ペーパーを通して多大な貢献を行った証拠がある」と報告しているほどである（World Bank-IEG 2008: xx）。しかし、実際には、ILCに加盟する複数の組織が世銀の土地政策に反対の立場を示しており、ビア・カンペシーナもまた声高に批判している[3]。

2008年以降、世界的に土地の争奪合戦が加速したことを受けて、ILCの立場は大きく変化した。ILCの土地争奪に対するアプローチは、その階級的、イデオロギー的基盤を反映するものである。ILCは、ときに土地取引を「土地収奪」と批判することもあるが、それはごく限られたケースにとどまっている。ILCは、土地取引の問題を手続き論的な視点からとらえる傾向がある。し

たがって、ILC が「土地収奪」と批判するケースは、ある土地取引が不透明な手法で行われた場合、あるいは結果的に人権侵害が生じた場合に限られる[4]。当然ながら、このような ILC の姿勢はビア・カンペシーナとは対照的である。ビア・カンペシーナは土地収奪を食い止めること、そして奪われた土地の奪回を訴えるなどのラディカルな姿勢をとり、手続き論よりも土地取引による政治経済的かつ社会的影響に焦点を当てる。

近年、ILC はいくつかの農民運動を連合に加えることに成功したが、すでに ILC に加盟する NGO や援助機関、政府間機関、国際金融機関の数とのバランスを考慮すると、その数は依然として少ない。ただし、現時点において、ビア・カンペシーナと ILC の間にメンバーの重複がみられないのは重要である。この背景には、それぞれの加盟組織やイデオロギーの違いがある。つまり、ビア・カンペシーナはラディカルな草の根社会運動の連合体であり、ILC は「保守的で進歩的」な国際金融機関と NGO の連合体という点で異なっているのである。

ビア・カンペシーナと IPC

第2章では、ビア・カンペシーナの加盟組織が多様で、対立するイデオロギー的立場を掲げる状況について説明した。ビア・カンペシーナを IPC と比較する際に、イデオロギーの問題を含めると、事態はさらに複雑になる。IPC のように広範なる加盟組織を含むネットワークには、イデオロギーが著しく異なる集団が内包されているためである。

ビア・カンペシーナと IPC の掲げるイデオロギーに緊張がないわけではないが、基本的に両者のイデオロギーは共通性の方が多い。ビア・カンペシーナと IPC は大きな課題に関しては多様な姿勢をとるものの、「（土地、テリトリーや自然資源などの）剥奪に抗うための闘い（struggles against dispossession）」を最優先活動としている点は共通する。この姿勢は、両者の反資本主義的な実践、反多国籍企業キャンペーン、土地からの追放、そして種子や技術、生物多様性の支配に抗う闘いに通底する。方向性に多少の違いはあるものの、IPC もビア・カンペシーナも、反資本主義言説に強く傾倒する。総じて IPC は、農村と都市、北と南、イデオロギーや階級の相違を超えた、傑出した連合の例であるといえよう。

IPC とビア・カンペシーナの間に摩擦をもたらすイデオロギー的差異は、階

級に由来する。その他のアイデンティティに関わる課題も、ビア・カンペシーナとIPCの関係を複雑にする要因となっている。ビア・カンペシーナの使う言説(ディスコース)は、ラディカルなポピュリスト的かつ反資本主義的で対決的な傾向を有するが、これはよりリベラルで進歩的な志向を持つカトリック農民運動（FIMARCなど）にとって心地のよいものではない（図表3.1参照）。

また、ビア・カンペシーナはイデオロギー的に「中農」の形成を重視し、「中農」を中心とした社会こそがオルタナティブな未来につながる唯一の実現可能な筋道であるとするが、このような姿勢も軋轢を生む要因となっている。たとえば、IPC内の重要なアクターには、IUF（図表3.1参照）に加盟するブラジルの全国農業労働者同盟（National Confederation of Agricultural Workers: CONTAG）がある。CONTAGは当初、ブラジルの市場主導型農地改革に反対したが、後にそれを支援する側に回った[5]。ブラジルのビア・カンペシーナの加盟組織でもあるMSTは、歴史的にCONTAGと緊張関係にある。ブラジル農村における著しく困難な課題に対して、MSTとCONTAGが異なる立場をとるためだけではない。MSTは家族農業を実現するために農地改革を優先するのに対し、CONTAGは農業労働における公正（labour justice）に関わる問題を重視する。さらに、先住民族集団と関わっていくなかで、農民運動といくつかの先住民族組織（ビア・カンペシーナの正式な加盟組織を含む）との間で緊張関係も表面化した。なかには、「（ビア・カンペシーナは）農民のための場であって、先住民族のための場ではない気がする」と述べる者もいたという（Rosset and Martinez-Torres 2005: 16, fn. 9）。

この背景には、農地改革と先住民族のテリトリーの保護と返還の間の矛盾がある。ここ数年、ビア・カンペシーナは、グローバル土地キャンペーンにどのような枠組みで取り組むべきかについて調整を試みてはいるものの、ビア・カンペシーナ内、あるいはビア・カンペシーナとIPC間の緊張は、TAM内およびTAM間の問題のなかでも、最も困難な課題の一つであり続けるだろう（Rosset 2013）。

ビア・カンペシーナとAPC

ビア・カンペシーナにとって最も鋭く複雑なイデオロギー上の対立問題は、ライバル組織であるIFAPおよびWFOとの間の亀裂を除けば、おそらくアジア農民連合（APC）との間のものといえる。ビア・カンペシーナとAPCの

対立は、農をめぐる研究で最も長く交わされてきた論争を反映するものである。それは、「小農の階級分化」と「農をめぐる変化」といったテーマに関する、正統派マルクス主義者とラディカルな農業ポピュリストによる議論の対立である（第2章で触れたレーニン派とチャヤノフ派の小農の階級分化に関する議論を参照）。ただし、ビア・カンペシーナとAPCの両方に加盟する運動もあるため、両者の関係はとても複雑なものとなっている。

　2003年に設立されたAPCは、9か国の農民、土地なし農民、漁撈者、農業労働者、ダリット、先住民族、牛飼い、牧畜民、小農女性、そして農村の若者で構成された連合体である（図表3.2参照）。APCは反帝国主義の方針を明確に掲げたプラットフォームで、活動テーマとしては運動構築と抵抗、真の農地改革と食の主権、企業に対抗する闘い、環境に配慮した農業、気候変動、そして民衆連帯を重視している（APC 2014）。これらはIFAPやWFOの主要テーマとは大きく異なる一方、ビア・カンペシーナやIPCのアジェンダと共通するものが多い。

　全国規模あるいはリージョンレベルの農民運動にとって、「労働者階級の出身であること」がビア・カンペシーナ加盟の主たる条件であったとすれば、APCの加盟組織の大半はビア・カンペシーナに加盟しているはずである。なぜなら、いずれの加盟組織も小農階級や農村のプロレタリア階級の最貧困層を代表する組織であり、その大半が最前線で闘う農民運動として正当性を有する組織だからである。ただし、研究者が多く集まるNGO、農薬行動ネットワーク・アジア太平洋（PAN-AP）は例外である。さらに政治的傾向をみると、APCの加盟組織はいずれも反帝国主義を支持し、これはビア・カンペシーナに近い傾向といえる。しかし、ビア・カンペシーナの執行部には異なるイデオロギーを支持するリーダーが存在するのに対し、APCの加盟組織の大半は正統派マルクス主義（多くは毛沢東派）を支持する。このため、これらのAPC加盟組織をビア・カンペシーナに迎え入れることは困難であった（KMP、Monlar、ANPF、BKS、BKFは例外）。

　イデオロギーに根ざした深刻な分裂は、ビア・カンペシーナが活動する他の地域ではみられない。中南米やカリブ地域では、メキシコ・コロンビア・ブラジルの少数の例外を除く、ほとんどすべての「闘う（militant）」[*]農民運動は、ビア・カンペシーナに加盟する。

　南アジア（特にインド）では、複数の「闘う」農民運動がビア・カンペシー

図表3.2　APCの加盟組織と、ビア・カンペシーナへの加盟状況

APCの加盟組織		加盟状況
KMP, Peasant Movement of the Philippines	フィリピン小農運動	加盟
VNWF, Vikalpani National Women's Federation	ヴィカルパニ女性連盟（スリランカ）	非加盟
PKMT, Pakistan Kissan Mazdoor Tehreek	パキスタン・キッサン・マズドゥール・テーリーク（パキスタン）	非加盟
APMU, Andhra Pradesh Matyakarula Union	アンドラ・プラデシュ・マティヤカルラ組合（インド）	非加盟
Tenaganita Women's Force	テナガニタ女性の力（マレーシア）	非加盟
PAN-AP, Pesticides Action Network Asia Pacific	アジア・太平洋農薬行動ネットワーク（マレーシア）	非加盟
Roots for Equity	平等の根（パキスタン）	非加盟
ALPF, All Lanka Peasants Front	全スリランカ農民戦線（スリランカ）	非加盟
Andhra Pradesh Migrants Workers Union	アンドラ・プラデシュ移民労働組合（インド）	非加盟
APTFPU, A.P. Andra Pradesh Traditional Fisher People's Union	アンドラ・プラデシュ伝統的漁業従事者組合（インド）	非加盟
TNDWM, Tamil Nadu Dalit Women's Movement	タミル・ナドゥ・ダリット女性運動（インド）	非加盟
KGSSS, Karnataka Grameena Sarva Shramik Sangh	カルタナカ・グラミーナ・サルヴァ・シュラミク・サング（インド）	非加盟
UMA, Union of Agricultural Workers	農業労働組合（フィリピン）	非加盟
NFSW, National Federation of Sugar Workers	サトウキビ労働者全国連合（フィリピン）	非加盟
NFA, National Farmers Assembly	全国農民会議（スリランカ）	非加盟
IFTOP, Indian Federation of Toiling Peasants	苦境にある小農インド連合（インド）	非加盟
BKF, Bangladesh Krishok Federation	バングラデシュ・クリショク連合（バングラデシュ）	加盟
BKS, Bangladesh Kishani Sabha	バングラデシュ・キシャニ・サブハ（バングラデシュ）	加盟
BBS, Bangladesh Bhumiheen Samity	バングラデシュ・ブミヒーン・サミティ（バングラデシュ）	非加盟
BALU, Bangladesh Agricultural Labour Union	バングラデシュ農業労働組合（バングラデシュ）	非加盟
Amihan, National Federation of Peasant Women	アミハーン小農女性全国連合（フィリピン）	非加盟
BAFLF, Bangladesh Agricultural Farm Labour Federation	バングラデシュ農場労働者連合（バングラデシュ）	非加盟
AGRA, Alliance of Agrarian Reform Movement	農地改革運動連合（インドネシア）	非加盟
APM, Alliance of People's Movements	民衆運動同盟（インド）	非加盟
ANWA, All Nepal Women's Association	全ネパール女性協会（ネパール）	非加盟
South Asian Peasant Coalition	南アジア小農連合（南アジア）	非加盟
Pamalakaya, National Federation of Small Fisherfolk Organizations in the Philippines	フィリピン・パマラカヤ小規模漁撈組織全国連合	非加盟
MONLAR, Movement for National Land and Agricultural Reform	全国農地・農地改革運動（スリランカ）	加盟
FAD, Foundation of Agricultural Development	農業開発財団（モンゴル）	非加盟
ANPF, All Nepal Peasants Federation	全ネパール小農連盟	加盟
APVVU, Andhra Pradesh Vyavasaya Vruthidarula Union	アンドラ・プラデシュ・ヴィヤヴァサヤ・ヴルティダルラ連合（インド）	非加盟
TNWF, Tamil Nadu Women's Forum	タミル・ナドゥ女性フォーラム（インド）	非加盟

図表3.3　ビア・カンペシーナの加盟組織とAPCへの加盟状況

ビア・カンペシーナの加盟組織		APCへの加盟状況
ANPF, All Nepal Peasants' Federation	全ネパール小農連盟（ネパール）	加盟
NALA, Nepal Agricultural Labor Association	ネパール農業労働協会（ネパール）	非加盟
NNFFA, Nepal National Fish Farmers Association	ネパール全国養魚業従事者協会（ネパール）	非加盟
NNPWA, Nepal National Peasants Women's Association	ネパール全国小農女性協会（ネパール）	非加盟
BAS, Bangladesh Adivasi Samithy	バングラデシュ・アディヴァシ・サミティ（バングラデシュ）	非加盟
BKS, Bangladesh Kishani Sabha	バングラデシュ・キシャニ・サブハ（バングラデシュ）	加盟
BKF, Bangladesh Krishok Federation	バングラデシュ・クリショク連盟（バングラデシュ）	加盟
BKU, Bharatiya Kisan Union, Madhya Pradesh	バラティヤ・キサン組合、マディヤ・プラデシュ（インド）	非加盟
BKU, Bharatiya Kisan Union, Haryana	バラティヤ・キサン組合、ハルヤナ（インド）	非加盟
BKU, Bharatiya Kisan Union, Maharashtra	バラティヤ・キサン組合、マハラシュトラ（インド）	非加盟
BKU, Bharatiya Kisan Union, New Delhi	バラティヤ・キサン組合、ニューデリー（インド）	非加盟
BKU, Bharatiya Kisan Union, Punjab	バラティヤ・キサン組合、プンジャブ（インド）	非加盟
BKU, Bharatiya Kisan Union, Rajasthan	バラティヤ・キサン組合、ラジャスタン（インド）	非加盟
BKU, Bharatiya Kisan Union, Uttaranchal	バラティヤ・キサン組合、ウッタランチャル（インド）	非加盟
BKU, Bharatiya Kisan Union, Uttar Pradesh	バラティヤ・キサン組合、ウッタール・プラデシュ（インド）	非加盟
KRRS, Karnataka Rajya Ryota Sangha	カルタナカ・ラジャ・リョタ・サンガ（インド）	非加盟
KCFA, Kerala Coconut Farmers Association	ケララ・ココナッツ農家協会（インド）	非加盟
NRS AP, Nandya Raita Samakya, Andra Pradesh	ナンディヤ・ライタ・サマキャ、アンドラ・プラデシュ（インド）	非加盟
TNFA, Tamil Nadu Farmers Association	タミル・ナドゥ農民協会（インド）	非加盟
AGMK, Adivasi Gothra Mahasabha, Kerala	アディヴァシ・ゴスラ・マハサーバ、ケララ（インド）	非加盟
MONLAR, Movement for National Land and Agricultural Reform	全国農地・農業改革運動（スリランカ）	加盟

ナから排除されている問題に加え、商業的な「中農」・富農組織、あるいはこれらの階級のイデオロギーを代弁する組織がビア・カンペシーナ内で優位を保っている状況にある（Pattenden 2005, Assadi 1994）。このような「中農」・富農組織の例としては、カルタナカのKRRSや、インドのおよそ10州に拠点を持つBKUなどがある。彼らの活動の力点は、農産物の出荷価格がより高くなるよう、政府に要求することにある。

図表3.2と3.3は、南アジアでAPCに加盟する運動と、ビア・カンペシーナに加盟する運動を比較したものである。南アジアのビア・カンペシーナにとって、最大のジレンマは、世界的なレベルでのイデオロギー的立場を保ちながら、多様な人びとをまとめる「大同連合」としての包括性を両立させることの難しさにある。特に、APCの加盟組織のなかには、派閥政治を行う組織も存在するため、これらの組織の多くがビア・カンペシーナへの参加を認められると、この両立はますます危険にさらされるかもしれない。ビア・カンペシーナが、正統派マルクス主義者をその執行部に加え、農村のプロレタリア階級の利益を優先するイデオロギーを掲げながら、小農や「中農」の権利を擁護する姿を想像することは困難ですらある。

ビア・カンペシーナとフードムーブメント

近年、異なる階級間だけでなく、農村と都市、生産者と消費者、北と南の違いを越える様々なフードムーブメント（食の運動）が生まれつつある。これらの運動の中には小規模で地域密着型のものもあれば、大規模で広範なネットワークを包含する運動も存在する。後者には、スキアヴォーニ（Schiavoni 2009）の言葉を借りるなら、「ニエレニからニューヨークに至るまで（from Nyéléni to New York）」の広がりを有した運動も含まれる。

多くの運動は、資源や情報へのアクセス、文化的適合性、持続可能性、人間と動物の健康などの面で問題がある、現在世界で支配的なフードシステムの変革を目標として結束する傾向にある。これらの運動は、工業的農業生産に基づくフードシステムの完全な解体から、大小レベルの改革まで、多岐にわた

＊）社会運動用語として使われる「militant」（形容詞/名詞）は、武装や暴力を意味するのではなく、大きな課題やそれをもたらす構造、権力者に対して積極的に闘う姿勢や、そのような姿勢を重視して活動する人を意味する。原語の意味を反映させた形で翻訳することが難しいため、暫定的な意味を込めて「闘う」とする。

る要求を掲げてきた。また、地域密着型のフードシステムのなかには、食の主権が掲げるビジョンに近いものもあれば、工業型農業モデルに近いものもある（Robbins 2015）。これらの運動のなかには、食の主権の概念に共鳴するものも、しないものもある。ホルト＝ヒメネスとシャタックの論文（Holt-Giménez and Shattuck 2011）は、多様で活気あふれるフードムーブメントに関する優れた概観を提供している。

　幅広く多様な階級を包摂するフードムーブメントの台頭は、ビア・カンペシーナにとって少なくとも二つの重要な意味があった。

　まず1点目として、これらの運動は食に関する政治的な闘いの領域を広げ、ビア・カンペシーナの食の主権キャンペーンの政治的影響力が及ぶ範囲を拡張することに成功した点が挙げられる。そして、世界各地でフードジャスティス（食の正義、公正性）や食の主権といった、オルタナティブなビジョンを推進する、革新からラディカルまでの政治的土台を強化した。このように影響力が発揮された理由は、フードムーブメントが幅広い階級と地域の広がりを背景に持っていたためである。この流れの一環として、複数の多層的なフードムーブメント間のアライアンスが形成された（Brent et al. 2015, Shattuck, Schiaboni and Van Gelder 2015, Alonso-Fradejas et al. 2015）。

　2点目として、広範なるフードムーブメントの隆盛が、支配的なフードシステムに挑戦し、オルタナティブな選択肢を可能とすることを目指す多くのアクターの一つにビア・カンペシーナを降格させてしまったことが指摘できる。かつてビア・カンペシーナは、食の主権という概念の「政治的専売特許」を手中に収め、オルタナティブなフードシステムの構築を目指す唯一無二の有力組織として活動してきたが、現在その地位は揺らいでいる。「食の主権」という概念自体も、「食への権利（right to food）」や「フードジャスティス」といった、他の関連パラダイムの選択肢の一つでしかなくなってしまった。

　ビア・カンペシーナによる「食の主権」の定義（Patel 2009）も、意味上あるいは実社会での応用上の解釈の一つにすぎなくなった。幅広い支持者と多様なイデオロギーや階級を包摂するフードムーブメントの台頭によって、ビア・カンペシーナの提示する「『中農』を中心とした理想的なフードシステム」像も、オルタナティブなフードシステムの議論の中心ではなくなってしまった（Edelman et al. 2014）。

結論

　階級、アイデンティティ、イデオロギーは、異なる国境を越える農民運動の間にアライアンスを形成し、互いを結びつけることもあれば、それらの間に亀裂を生み出すこともある。他方、共通の言説、イデオロギー、事業を掲げるTAMが、加盟組織や影響力をめぐって競争することもある。TAMを分析する際には、TAMどうしの関係性に注目することが重要であり、TAMを独立した、あるいはより広い社会運動コミュニティから切り離された存在としてとらえるべきではない。また、研究者やアクティビストがTAMを均一のコミュニティとして手放しに称賛するような場合には、特に注意が必要である。このようなTAMの扱いはあまりにナイーブであり、TAM間の緊張関係や分裂といった現象を、組織の縄張り争いや個人間の問題として矮小化してとらえる原因となってしまうからである。また、そのような視点を持つ者は、TAM間の対立を有害なものと見なすことが多いが、必ずしもそうではないことを本章では示そうとした。

　本章の冒頭で引用した一節でアナ・ツィングが述べるように、アライアンスが生まれては消え、勢いを得ては失われ、栄えては衰退することは、国境を越える社会運動の政治につきものである。特に、世界社会フォーラムのように、組織が無党派・無階級性の緩やかな構造を持つ時期には、そのような盛衰が起こりやすい（Santos 2006）。

　あるTAMと他の種類の社会運動との緊張や分裂が、組織にとって有益な場合もある。たとえば、特定の課題に対する組織の立場が明確になり、組織目標や戦略がより洗練される場合などがそうである。このような視点は、ビア・カンペシーナとAPC、そしてビア・カンペシーナとILCとの間の断裂をとらえる際に、一つの指針となるだろう。

　そもそも、ビア・カンペシーナ自体が、1993年に起きた複数の農民運動とオランダのパウロ・フレイレ財団との間の対立から生まれた組織である（第2章参照）。その他、最近の事例としては、貿易や投資に関するグローバル・ジャスティス問題に取り組む世界的な連合体であるOWINFS（Our World Is Not For Sale、「私たちの世界は売り物ではない」）からビア・カンペシーナが脱退した例がある。ビア・カンペシーナは2013年バリにおけるWTO政府会合に向けた

準備段階の最中に、OWINFS からの脱退を公に宣言し、世界中のこの分野のアクティビストの間で大きな話題となった。ビア・カンペシーナは、脱退宣言でこの理由を以下のように説明した。

> 「2013 年 WTO の転換：食料、職業、持続可能な開発を第一に」（WTO Turnaround 2013: Food, Jobs and Sustainable Development First – Statement; 2013 年 WTO 会合に対する OWINFS の声明）は、もはやビア・カンペシーナをはじめとする社会運動の立場を反映していない。この声明は、企業主導のグローバリゼーションに対する好意的な言葉を並べ、WTO に対していくつかの要求事項を提示するにすぎない。これは、WTO の交渉相手（各国政府）が示す姿勢であって、断固として要求を行うべき批判的市民社会の姿勢とはいえない。我々は、WTO との交渉に参加する権利を得たり、WTO に優遇されたりすることを目指しているのではない。OWINFS の声明は不十分なものとなっているだけでなく、WTO の正当性を支持するものになってしまっている。［…］我々はそもそも（WTO の）交渉相手ではない。したがって、交渉者の間で決められる「何が可能で何が可能でないのか」などの枠組みに縛られるべきではない。社会運動としての我々は、世界を変革するために努力を続けてきた。我々が政府に対する圧力を強化し続け、要求を行わない限り、変化は起こらない。我々はよりよい世界を想像することをけっして恐れてはならない。WTO が存在せず、経済的公正が保証され、食の主権を軸とし、敬意に満ち持続可能な方法で母なる地球（マザー・アース）とつながりを持てる世界を。今日、我々が要求するのは WTO の終焉である。我々はより抜本的なシステムの転換を求めており、WTO の組織改革や立て直しを求めているのではない。今こそ、民衆の手でオルタナティブを推し進めるべきときである（Vía Campesina, 2013）。

ビア・カンペシーナの声明は、彼らのラディカルな政治的立場、社会運動におけるアイデンティティ、そして社会の理想像を雄弁に表現している。ビア・カンペシーナが、ILC に加盟することや世銀と共同で農地問題に取り組むこと、あるいはその指針を曲げなくてはならない提携関係を結ぶことを拒否するのは、「我々はよりよい世界を想像することをけっして恐れてはならない」という姿勢の表れでもある。

第4章
国境を越える農民運動の活動領域
国際、全国、ローカルレベルをつなぐ

　小農や農民による国境を越えた連帯と活動の夢を具現化しようと、人びとは現在も努力を続けている。農民運動のリーダーやメンバーは、個々の農業生産と国際・全国・リージョンレベルでの活動とバランスをとる必要があり、限られた時間、エネルギー、人的および物的資源をどの領域につぎ込むべきかの決断を日々迫られている。同時に彼らは政治的キャンペーンのために、小農以外のセクターとの間でアライアンスを築き、マスメディアへの露出を維持し、援助機関や財団から資金を調達しなくてはならない（第5章参照）。さらに、国家や国際ガバナンス機関について分析し、適切なアプローチと関与の仕方を調べる必要にも迫られている。ときには、大胆な直接行動に出て、その結果として逮捕されたメンバーを法廷で弁護しなければならないこともある。

　TAMのリーダーシップの問題も、重要な論点となっている。たとえば、長年男性が優位な立場にあった組織のなかで、女性はいかにして確固たる地位を確立したのだろうか。また、このようなジェンダー問題は、TAMの政治や組織内部の力学（ダイナミズム、動態）にどのような影響をもたらすのか。TAMやその加盟組織は、これまで圧倒的であった男性のみのリーダーシップから多様な若い世代のアクティビストへの世代交代を、どのように実現できるだろうか。その際、TAMとしての政治活動の長期的な持続性を担保するため、どのようにしてスキルと知恵を養っていくべきだろうか。リーダーが草の根のメンバーと十分な信頼関係を築けなかったり、コミュニケーションがとれていない場合はどうすべきか。

　TAMのメンバーシップの問題もまた、ときに議論を呼ぶテーマである。TAMとして、全国およびリージョンレベルの組織への加入を許可する際、どのような基準を設けるのか。組織内の多元性を重視するTAMであったとしても、組織として最低限の指針を共有する必要がある。とはいえ、いかにして

多様性を確保するのか。TAMへの新たな組織の加入もまた、運動全体の将来の方向性を左右する要素である。TAMの組織内部のどのような要素が、TAMに「門番役」を生み出すのか。また、「問題」組織の出現によって課題が生じた場合、どのような対処が行われるのか。TAMに加入する運動のなかには、途上国の運動も先進国の運動も存在し、土地なし労働者から比較的裕福な農民に至るまで、多様な立場や利権を代表する運動がある。ときとして対立し合うこともある様々なセクターに所属する人びとを、「小農 (peasantry)」や「大地の民」といった単純な枠組みで括ることができるのだろうか。

長らく社会運動研究における共同行動の研究者は、社会運動には盛衰の波があり、その波はより大きな視点からみた「抗議サイクル」と同期して生じることが多いと指摘してきた（Tarrow 1994）。このような盛衰の推移は、TAMやメンバー組織にどのような影響をもたらすのか。「抗議サイクル」に加えて「援助者サイクル（donor cycles）」は、TAMに「政治的機会」や脆弱性をどの程度もたらし、いかにTAMの盛衰に影響するのか。また、社会運動は強大な権力機関に対して自らの主張を行う際に、「代表権」にまつわる複雑な問題に取り組まなければならないといった課題も抱える。

本書では、「代表権」を二つの相互に関連する意味のものとしてとらえる。一つは、代表権そのもの、あるいは組織を支える地盤や社会的基盤に関する点。もう一つは、組織が日々自らをどのように代表しているかという点。つまり、その組織のリーダーが信頼性や正当性といった重要な特徴を備えているかどうかに関する点である。どちらの意味の代表権であれ、運動がそれを主張する際には、必ず社会的排除を伴う。これは、社会運動に好意的な研究者でさえ認める事実である。なぜなら、根本的な意味において、運動に関わるすべての利害関係や支持基盤を適切に代表することは不可能であり、場合によってはいずれの要求もいっさい反映されないことさえ生じるためである（Burnett and Murphy 2014; Wolford 2010）。本章は、これらの課題について、ビア・カンペシーナやその加盟組織、そして他のTAMやビア・カンペシーナ以外の運動の事例を取り上げつつ分析を披露する。

異なるレベルのニーズに対するバランス

「国際運動の本部はブリュッセルやパリ、ジュネーヴ、ワシントンにある

に違いないと思うだろう。しかし我々は、原則として、運動の本部は先進国ではなく第三世界にあるべきだと考える」。ラファエル・アレグリア（Rafael Alegría）は2001年、ビア・カンペシーナの国際事務局が置かれたホンジュラスのテグシガルパの小さなオフィスでこのように語った[1]。当時、ビア・カンペシーナ全体の運営は、コンピューター2台、フルタイムの事務局運営者1名、パートタイムの2言語話者の秘書1名、ヨーロッパに拠点を置きメーリングリストとメディア関係の事務を扱う多言語話者のコミュニケーション・マネージャー1名によって行われていた。

　このときアレグリアは、二つのイベントに参加するため、メキシコシティーに向けて旅立つ直前であった。イベントの一つは中南米農民組織調整委員会（Latin American Coordinator of Rural Organizations: CLOC）の会議、もう一つは、ほどなくブラジルのポルト・アレグレで開催される世界社会フォーラムの準備会合であった。アレグリアは、ビア・カンペシーナについての彼のビジョンを述べつつ、まもなくオフィスを出発しなければならないことを悔やんだ。また彼は、農村にある彼の協同組合へ向かい、キャベツが腐る前に収穫しなければならなかった。会話が終わると、若い男性がオフィスに駆け込んできた。彼によると、2時間ほど離れた他の村で小農が複雑な土地争いに巻き込まれ、法律の専門知識が必要となっているため、急いでアレグリアに来てもらわねばならないというのである。

　まさにこの瞬間、アレグリアは、自分の畑でのキャベツの収穫、ホンジュラスの他の村での法律知識の伝授、海外でのビア・カンペシーナの代表といった複数の任務を同時に果たさなければならない葛藤に直面していた。

　アレグリアの例は、個人のアクティビストや運動組織が、ローカル・全国・リージョン・国際レベルの活動を統合することの難しさを物語っている。いずれかのレベルのニーズを優先させることは、他のレベルで行われる重要なキャンペーンを軽視することにつながる場合もある。新自由主義的なグローバリゼーションの影響で、政府の中心的機能が世界に分散し、社会運動はローカルレベルと国際レベルの両方に対して同時に働きかけなくてはならなくなった。このような事態は、運動のリーダーや意思決定機関の専門職化、組織機能の専門化といった問題を生み出した。また、農業生産をなおざりにしてプロの活動家に転向する組織のリーダーは、支持基盤からの正当性や、「小農」としての正当性を失うリスクを抱えることになった。これらの点は、リーダーとして仲

間の声を代弁し、組織を代表する権利を維持するうえで不可欠な要素である。

抗議活動のレパートリーと手法の拡散

　序章では、全国あるいはローカルレベルの農民運動が国境を越えた関係を結ぶことで、物的・知的資源へのアクセスを円滑にし、効果的な政治活動を行ううえでの機会を容易にすると説明した。TAMのメンバーと彼らの同盟者は、抗議活動のレパートリーや戦略に関する情報や意見を交換する。彼らは、互いに協力してキャンペーンや資金調達を行ったり、キャンペーンの対象機関との接点の持ち方、そして影響を及ぼしうる潜在的な内部協力者探しの方法について相談し合う（第6章参照）。

　デモや抗議活動の手法は、各国や各リージョンの歴史と深く結びついている（Tilly 2002）。道路のバリケード封鎖、政府への請願書の提出、行進する際の歌と選曲、沈黙の行進、無人バスへの放火、非暴力的な市民不服従行為など、運動が活用するツールは幅広く、また多様である。またそれらはときとともに変化し、人びとは過去の手法を借用することもあれば、新たな手法を編み出すこともある。世界各地の様々な農民運動が集まるTAMは、これまで多くの抗議手法を広めたり、新たに発明したりしてきた。

　インドと南米では、デモ参加者がキャラバンを組み、ある地域から別の地域へと旅を続けながら行進し、各地で会合を開いたうえで、政治家などへの抗議を行うといったデモの様式が長年にわたって続いてきた。1999年には、400名のインド人農民のキャラバンがヨーロッパ各地を巡りながら、多国籍企業と自由貿易に対する抗議活動を行い、ヨーロッパの提携先との会合を重ねている（Pattenden 2005）。インド人キャラバンがヨーロッパを去った直後、フランスのホセ・ボヴェ（José Bové）とコンフェデラシオン・ペイザンヌ（Confédération Paysanne、小農連盟）は、その3年前にインド人がバンガロールにあるケンタッキー・フライドチキンの店舗を襲撃したときと同じように、建設途中のマクドナルドを襲撃し、店舗を解体した（Edelman 2003）。

　国境を越えて「伝播」した抗議手法の別の事例としては、GM作物の無断伐採や焼却がある。これは、インド、ブラジル、ニュージーランド、フランス、ドイツ、英国、スイス、米国、フィリピンといった様々な国のアクティビスト（TAMメンバーを含む）が実施してきた手法である（Baskaran and Boden 2006;

Kuntz 2012)。その他、世界各国の政府が国内の農民に対して、政府が認証した種子の利用を義務づけ、市販の種子以外の種子の利用を違法にしたことをうけて、各地の農業従事者は地域内あるいは国境を越えた農民どうしで種子の交換会を活発に行うことでこれに対抗した事例も有名である（Badstue *et al.* 2007; Da Vià 2012; Vía Campesina 2013）。インドでは、農民が何千年もの間ニームの木（*Azadirachta indica*、インドセンダン）を天然除虫剤や洗剤として活用してきた。しかし、企業がニームに含まれる有効成分の特許を取得しようとしたため、南アジアの農民運動は特許取得の手続きを複雑にさせるべく、中米やカリブ地域の仲間にニームの種子を提供した。

各地の農民運動が継承してきたシンボル的あるいは儀礼的な慣習も、地域を越えて広く拡散した。たとえば、ビア・カンペシーナの行うイベントでは、「ミスチカ（mística）」が採り入れられているが、これはもともとMSTや他のブラジルの社会運動がイベントの開閉会時に行う、音楽や政治劇を伴う儀礼的パフォーマンスであった。ビア・カンペシーナの象徴であるバンダナと帽子も、もとはMSTの赤いスカーフと帽子を模したものである。

農民運動のための記念日も存在する。1996年、メキシコのトラスカラ州におけるビア・カンペシーナの第2回国際会議の最中、ブラジルのエルドラド・ドス・カラジャース（Eldorado dos Carajás）にて、土地紛争解決のために高速道路を封鎖し政府に圧力をかけたMST支持者19名が軍警官によって無差別殺戮された（Vía Campesina 1996; Fernandes 2000）。このとき、道路封鎖によって渋滞に巻き込まれたテレビ記者が殺戮現場を撮影して情報を拡散し、民衆争議に発展した（Cadji 2000）。この事件以来、世界各地のビア・カンペシーナ組織は4月17日を「国際小農闘争デー（International Day of Peasant Struggles）」として追悼し、全世界でデモや他の抗議活動を実施してきた。

さらに、世界各地の農民運動は、韓国人農民のリ・キョンヘ（Lee Kyung Hae）の追悼を毎年行ってきた。リは、2003年にメキシコのカンクンで開催されたWTOの第5回閣僚会合の外で行われたデモの最中に、「WTOは農民を殺す（WTO Kills Farmers）」というバナーを掲げたまま刃物で自死した。リは、ビア・カンペシーナに加盟したことのない、政治的には中道の組織、韓国進歩的農民連盟（Korean Advanced Farmers' Federation）の前会長であった。しかし、リの劇的な死を受けて、国境を越える運動は彼を「殉教者」と呼び、毎年9月10日を「WTOに対する国際闘争デー（international day of struggle against the WTO）」

と定めた。

　韓国のアクティビストは、ひときわ独創的な抗議手法を編み出し続けることで、世界的に知られてきた。2005年に香港で開催されたWTO閣僚会合では、ビア・カンペシーナのメンバー組織である韓国小農連盟（Korean Peasant League）に所属する数百名の抗議参加者が突如オレンジ色の救命ベストを着用し、陸上の警察の包囲網をくぐり抜けるために海を泳いで会議の開催場所を目指した。結果的に抗議者は全員海から引き上げられて収監されたが、彼らの釈放をめぐって国際的なキャンペーンが巻き起こり、世界的な注目を集めた。

農に関する知識・知恵の普及と構築

　TAMとそのメンバー組織は、抗議手法のレパートリーや儀式の拡散だけでなく、農に関する国境を越えた知恵・知識の共有や形成にも力を入れる。中南米地域では、1960年代から70年代にかけて中米の「小農から小農へ」運動を発端として、小農が他の小農と教え合うスタイルのアグロエコロジー農業技術指導が盛んになり、メキシコ、キューバ、その他の中南米諸国や他地域へと普及した（Altieri and Toledo 2011; Boyer 2010; Bunch 1982; Holt-Giménez 2006; Martínez-Torres and Rosset 2014）。また、多くの全国規模の農民組織は長い間、農学や組合運営、植物検疫基準、公衆衛生、農業法といった様々な科目の研修プログラムを実施してきた。

　他にも、「小農大学（peasant university）」モデルも広まりつつある。2005年、ブラジルのMSTが様々な分野の研修を行う拠点として、フロレスタン・フェルナンデス学校（Florestan Fernandes School）を設立した。同じ年、MSTはビア・カンペシーナとブラジルのパラナ州政府と共同で、中南米アグロエコロジー学校（Latin American Agroecology School: ELAA）を設立した（Capitani 2013）。さらに、ビア・カンペシーナとベネズエラ政府は同国のバリナス州に、ラテンアメリカ大学「パウロ・フレイレ」アグロエコロジー研究所（Latin American University Institute of Agroecology "Paulo Freire": IALA）という名の大学分校を設立した。しかし、IALAは2013年以降、管理者の「腐敗」を告発した学生と、学生を「工作員」として訴える管理者の間の抗争によって運営が難航している（IALAnoticias 2014）。他にもアルゼンチン（Vía Campesina 2013c）、メキシコ（García Jiménez 2011）、西アフリカ（GFF 2014）をはじめとする国々で、「小農大学」の設立が

相次いでいる。それらの多くは TAM の全国レベル組織と連携して運営され、幅広く多様な教育モデルを展開中である。

リーダーシップをめぐるダイナミクス

　これまで、TAM 内部の大半のローカルおよび全国レベルの農民運動、そして何より TAM 自体が、男性のリーダーによって牽引されてきた。しかし、世界の多くの地域で実際に農作業の担い手となり、農村の暮らしの様々な側面を支えるのは女性たちである。TAM における男女間の不均等な力関係は、運動に参加する女性どうしが接触し、経験談を語り合い、所属する組織や TAM の代表者に圧力をかけるようになってから変化し始めた（Desmarais 2007: 161–181）。
　カナダ全国農民連合をはじめとする複数の全国レベルの組織では、何年も前に女性と若者しか特定の指導者ポストに就けないように定められた。その他、中南米地域では、ヨーロッパの援助機関、早い段階で女性がリーダーシップをとるようになった先住民族運動やアフリカにルーツを持つ人びとの運動、そしてラテンアメリカ小農組織調整委員会（CLOC）といったグループが、農民組織内部のジェンダー公正を推進するよう圧力を加え始めた。
　2000年になると、ビア・カンペシーナは、国際調整委員会のリージョナルレベルの代表者を男性と女性各1名で構成するように定めた。ビア・カンペシーナは大規模な国際イベント前の女性参加者向けの会合を以前よりも頻繁に開催し、同時に男性参加者向けに「女性に対してより多くの敬意を払うよう意識化を促すための研修イベント」を開催した（Vía Campesina 2009: 168）。女性参加者向けの集会は、ジェンダー問題に限定されない多くの問題の改善に貢献した。このような集会を通して、多くの女性（大半は若者や先住民族）が自信を回復し、かつて男性によって家父長的な支配を受けてきた政治空間に足を踏み入れ、それまで取り上げられてこなかった課題について声を上げ始めたのである。
　若者の組織への参画支援、特に若者の指導的立場への引き上げも、特別な配慮を必要とする課題である。北の国々をはじめとする多くの国で農業人口は高齢化しており、たとえば2007年時点で米国の農民の30％は65歳以上であった（Doran 2013）。インドでは、農村に諦めと絶望が蔓延しており、多くの農民が離農を望み、1990年来何千人もの農民の自死（その多くは農薬を摂取しての自死）が報じられている（Hindu Business Line 2014; Patel et al. 2012）。このような状況

から、農民運動は単に若者の参画を促すだけでなく、農業への意欲の喪失、農民を縛る借金、農業人口の高齢化といった様々な問題にも同時に向き合わなくてはならない状況にある。

TAM のアクティビストはこれらの問題について、非常に自覚的である。しかし、ヨーロッパ、北米、カリブ海をはじめとする地域の一部では、上記の傾向とは逆の潮流が存在する。これらの地域では、農業従事者の子や孫世代の若者が、農村に「U ターン」しつつあるのだ。彼らの多くは、有機野菜やその他の地域社会内のニッチ市場に向けた高付加価値作物を栽培したり、ファーマーズ・マーケットやコミュニティ支援農業 (community-supported agriculture; CSA)[*]といったオルタナティブなマーケティング手法を実践する (Hyde 2014)。

このような新しいカウンターカルチャー的な農民層は、工業的農業生産に代わる持続可能な農業モデルを提示し、大都市周辺の緑地帯を維持するうえで重要な役割を担っている。ただし、このような農民人口の絶対数が、依然として少ない状態にある点は留意が必要である。彼らのなかにはローカル・全国・国際レベルの農民運動に参加する者もいるが、現状において TAM に参加する若者のほとんどは慣行農業に従事する農家の出身者である。

TAM に若者を取り込むための努力は、TAM に女性の参画を促すための取り組みと似ている。たとえば、ビア・カンペシーナと加盟組織は、頻繁に若者向けの集会を企画する。通常、このような集会は大規模なイベントの開催と同時に行われる。しかし、農民運動内部の人口ピラミッドは出身地域の農業労働人口を反映する傾向にあり、北の国々では「白髪の人」による運動、農業人口が高齢化していない南の国々では若年層による運動が多い。

TAM の抱える重要な課題としては、TAM のリーダーが自国の全国あるいはローカルなレベルの活動よりも国際活動を優先させた結果として、リーダーとメンバーの間で軋轢が生じるといった場面が挙げられる。1990年代の中米では、「ジェット族小農 (jet set campesino)」と呼ばれるアクティビストが出現した。彼らは国際会議やセミナーに出席するために各地を飛び回り、地盤組織の活動に参加したり、自分の畑を耕す余裕がほとんどなく、このようなリーダーに対する地元アクティビストの不満は高まっていった (Edelman 1998: 76)。この

---

[*] 日本では、CSA 以前に「提携運動」や「産直運動」として生産者と消費者をつなぐ試みが早くから盛んであった。ただしこれらの運動は、世界的にはあまり知られてこなかった。

ような「ジェット族小農」の1人と自認する小農は、2001年のインタビューで以下のように述べている。

> 組織のメンバーのなかから選ばれたリーダーが（次第に）官僚化し、組織の地盤から遠ざかってしまったとき、人びとは彼が『凧』のようになったと言うだろう。彼は高く高く空を舞い上ったかと思いきや、突然糸が切れて迷子になってしまう（エデルマンによる引用、Edelman 2005: 41）。

このようなリーダーシップのあり方にみられる組織内の機能の専門（一極集中）化が進行すると、組織の知識や記憶、個人の連絡先といった情報が、ひと握りの人間に集約されてしまうことがある。また、特定の組織がTAMへの加盟の可否を決定する「門番役」を務めるケースと同様に、個人が「門番役」としての権限を手にしてしまうこともある（Pattenden 2005）。組織のなかで確固たる地位と有力なコネクションを持つ人物は、世代交代の過程をコントロールし、新しいアイデアの採用に難色を示すこともある。

また、TAMのリーダーは、運動全体が掲げる言説と草の根の支持者の活動や信念が一致しないとしても、それを無視することもある。たとえば、KRRSは遺伝子組み換え作物に対する過激な反対運動を行った初期の運動の一つであるが、KRRS支持者を含むインド人小規模農家の多くは熱心にBt綿[**]を栽培する（Herring 2007; Pattenden 2005; Stone 2007）。同様に、ホンジュラスの運動リーダーは「食の主権」の枠組みを支持し、テクノクラート的で量にばかり注目する概念として「食料安全保障」の枠組みを批判するが、現地の農民は「食料安全保障」を魅力的で説得力のある概念としてとらえる傾向にある。なぜなら生活が不安定な状況にある農民の人びとにとって、「保障」は大いに共鳴できる概念だからである（Boyer 2010）。

「代表権」の二つの意味

本章の冒頭で、「代表権（representation）」には二つの意味があると述べた。こ

[**] モンサント社が開発した遺伝子組み換え綿花。この種子は高額なだけでなく、専用の農薬の散布も強いる仕組みとなっており、多くの農民を借金漬けにした。

の二つの「代表」行為は、互いに複雑に絡み合っている。組織の正当性を、国家あるいは超国家間のガバナンス機関、農業以外のセクターの社会運動、メディア、そして自身のメンバーに対して示し、強化するうえで、両者はともに重要な要素を構成する。他方で、代表性に関わる主張や行為が、これらの対象者を納得させることに失敗した場合、国境を越える（あるいは他のレベルの）社会運動を弱体化させることもある。

代表性

2014年時点で、ビア・カンペシーナには、73か国164の組織が加盟し（その後、国の数も組織数も年々増加傾向にある）、約2億人の農民を代表するという。ロンドンの『ガーディアン』紙は、ビア・カンペシーナを「間違いなく世界最大の社会運動」と形容したが、その根拠は上記のようなビア・カンペシーナの主張に基づくものと考えられる（Provost 2013）。実際、同様の認識は、国際的なガバナンス機関、それらの機関と交流するNGOや他の市民社会組織、そして農民運動の間で共有されている。このように世界的規模で獲得された名声は、農民運動に相応しい強烈な自尊心と、自画自賛レトリックの源となっている。

全国レベルを例にとってみると、一つの組織あるいは運動が、国全体の多様な集団や利益団体を代表することはおよそ不可能なことがわかる。ただし、これとは逆の主張を行うアクティビストも存在する。この点については、二つの極端な例を通して説明を試みたい。一つは、TAMに参加する全国レベルの組織が極度に貧弱な南アフリカ、もう一つは全国レベルの組織が非常に強力なブラジルである。南アフリカ土地なし人民運動（LPM）は「遅れて組織された運動」であり、特筆すべき政治力も組織力も持たない。LPMはたびたびMSTへの代表団派遣や、ブラジルの土地なし運動を再現するための努力を行ったが、功を奏さなかった。2004年、LPMのメンバー数は約10万人と公表されたが、LPMと関わりのある複数の研究者によると、「こうした数字は立証が難しく、不正確なこともある。また、こうした大きな数字を示すことは、LPMが知名度を上げるために重要な戦略だった」という（Baletti, Johnson, and Wolford 2008: 301）。LPMのリーダーがメンバー数の多さを誇示した数年後、LPMはほとんど消滅寸前の状態に陥った。2012年の時点で、LPMはごくわずかな資源しか持ち合わせなかった。たとえば、リンポポ国立公園の近くの地方自治体出身で、国際会議の場で頻繁に「南アフリカを代表」する立場にあったLPM

リーダーの一人によると、当時彼はコンピューターを持たず、海外と連絡をとるためにバスで数キロメートル離れたインターネットカフェまで行かなくてはならなかったという[2]。インターネットが普及し始めた頃、デジタル格差は多くの運動に影響をもたらしたが (Edelman 2003)、資源の少ない農民組織や遠隔地に住む人びとは今でもその問題を抱えている。これらの困難を抱えてはいるものの、現在も LPM は、ビア・カンペシーナ内で南アフリカ農村の貧しい人びとを代表する唯一の組織である。

　もう一つの極端な例として挙げたいのは、ブラジルの MST である。MST はビア・カンペシーナ内で最大の、政治的に最も統一された全国レベルの運動である。MST は「世界最大規模の社会運動の一つ」と呼ばれたこともあり、実際それは事実である (Seligmann 2008: 345)。MST はブラジルの多くの貧困人口を代表する組織であり、広範囲にわたる教育・公衆衛生プログラムを実施する。その傍ら、南アフリカやハイチ、インドネシアなどの国々への国際協力も行う。しかし、ブラジル国内での MST の代表可能性は限定的なものであった。この点について、MST のリーダー、ジョアン・ペドロ・ステジレ (João Pedro Stédile) は次のように認めている。

　　我々は、MST の実際の規模よりもはるかに大きな影を世界に映し出し、それによって有名になることができた。現実の MST は、ブラジル国内の組織化された労働者の勢力としてはとても小規模な運動のままである。我々は、ブラジル国内の土地なし農民 400 万人全員を組織化することさえできていない。しかし、他の人びとが闘わず、私たちは闘い続けてきたため、小さいサッカーチームがいきなりプレミアリーグに参入したかのような状況になってしまった (Stédile 2007: 195-196)。

　また、MST に好意的な評論家でさえも、MST はアフリカ系ブラジル人や農村の女性人口を限定的にしか代表できていないと指摘する。これらの人びとのなかには、独立した組織を立ち上げるために MST を後にした者もいる (Stephen 1997; Rubin 2002)。他にも、農地の不法占拠者が最適な占拠地をみつけるまでの間、戦略的に MST やその他の MST より知名度の低い農民運動の野営地を回る状況も指摘されている (Rangel Loera 2010)。ビア・カンペシーナに加盟する他の全国レベルの運動の代表性は、おそらく LPM と MST といった

二つの極端な例の中間に位置していると考えられる。つまり、多くの運動は、その運動が代表するはずの人びとのうち、一部の立場しか代表できていないのである。

　ビア・カンペシーナは世界的な言説や目標を掲げて活動を行うが、実際のビア・カンペシーナの加盟組織の地理的分布には偏りがある。たとえば、中国には世界の農民人口の3分の1が集中するが（Walker 2008）、ビア・カンペシーナは中国に加盟組織を持たない。また、中東や北アフリカにも加盟組織が存在しない。フランス語圏アフリカの国々では、西アフリカ小農・農業生産者組織ネットワーク（ROPPA）のようにビア・カンペシーナと似たアプローチをとる他のTAMが、組織化を先行させている。ビア・カンペシーナは、サハラ以南アフリカに遅れて現れたため、当該地域には少数の加盟組織しか持たない。さらに、旧ソ連諸国では、ロシアのクレスチンスキー戦線（Krest' ianskii Front、小農戦線）のようにビア・カンペシーナと親和性のある組織が複数存在するにもかかわらず、TAMの影響力がほとんど及ばない地域もある（Visser, Mamonova, and Spoor 2012）。

　TAMの地理的分布の拡大を阻む要因の一つは、TAMの多くが「小農（peasant）」や「農民（farmer）」といったカテゴリーに限定的な定義を設けるため、結果として農村の貧困層のなかでも移民や漁師などの重要なセクターを排除してしまうことにある。また、TAMが馴染みのない地域の運動の存在を「認識」しそこねることもある。それらの地域では、社会運動のあり方がTAMの提示する限定的な「社会運動」の条件に当てはまらなかったり、特に独裁政権下の農村で抵抗が「日常生活の場で」、「合法的に」あるいは「隠れた」形で、組織的に一貫性のない方法で行われるために、運動が運動として認識されない場合がある（Scott 1985; O'Brien and Li 2006; Malseed 2008）。

「小農性」の表象

　小農組織が公表するメンバー数や組織の規模は、その組織のメンバーやリーダーが正真正銘「小農」としての特徴を有しているか否かの問いと切り離すことができない。この「小農性の表象」についても、背景にある複雑で多義的な実情を認識し、向き合わなくてはならない。TAMの小農としての正当性をめぐる主張は、社会運動研究者がよく扱う、本質的な論点の「枠組みづくり」や運動が有利な状況（政治的機会）をつかもうとする努力を超えたものである

(Benford 1997)。それは、個人や集団のイメージ形成や表象に関わる行為であり、TAM の政治的機能とも結びつくものである。

　小農や小規模農家の運動は、農民以外のアクターによる運動と比べて、論点の枠組みづくりと自己表現という連動する作業において、より多くの困難に直面する。エリートは農村の貧困層を蔑視することが多く、彼らは小農の知性、誠実さ、身体的な外見、清潔さ、そして重労働を行う能力について、（信じられないことに）あらゆる侮蔑的な言葉で侮辱する（Handy 2009）。他方で、ナショナリスト的な語りのなかでは小農は美化されることが多く、このような文脈では「小農」は地域固有の歴史的起源、民族的同質性、精神的価値、無私の奉仕の象徴として用いられる。

　小農に対するイメージの対照性は、エリート階級の認識の食い違いとしてとらえることもできるが、双方ともに小農を過度に「素朴な」存在としてとらえる点は共通する。小農に対する軽蔑的な表現は、人びとの美化されたイメージに現実の小農の姿がそぐわないことへの苛立ちの表れといえるかもしれない。

　大規模農地の地主、都市部のエリート、政治家、メディア評論家といった権力集団は、「単純」で「忠実」な「土地の息子たち（sons of the land）」であるはずの小農が、集団で不満や要求を口にすることに、衝撃と失望を感じるかもしれない。現代の小農運動の参加者は、巧みな話術、法律や経済に関する知識、「正義」といった抽象的な概念を身につけている。しかし、エリート層は、これらを「正真正銘あるいは真の田舎者の小農像」とは相容れない要素ととらえ、「農民らしくない」と受けとめるかもしれない。このようなエリート層の思い込みを覆すためには、小農や小規模農家は革新的な抗議の手法を用いて、さらに幅広い公衆に彼らの真正性を訴えなければならないだろう。

　世界各地で国境を越えて小農運動どうしのアライアンスが結ばれるなかで、このようなエリート階級による小農イメージ（「身分の低い田舎者」）と「洗練された物腰で政治的手腕に優れ世界を股にかけて活動する小農アクティビスト」の実像は、これまで以上にかけ離れたものとなるだろう。現代の TAM は、グローバルな貿易、知的財産権、遺伝子組み換え作物、補助金政策、農業の環境や健康への影響といった分野についての高度な専門知識を身につける必要があった。これらのなかには、国家レベルの論争議題として取り上げられるものもある。しかし、組織化された小農が、国際的な舞台でこれらの学識を披露する場合には、小農アクティビストは支配的集団が描く「真の」小農のイメージ

といっそうかけ離れた存在として映ることは避けられないだろう。このような表象に関する問題は、次章で取り上げる TAM と NGO との間の関係や、また TAM と農民以外のアクターの集団による組織との関係において、さらに複雑な課題となる。

第5章
「私たちを抜きにして私たちのことを語るな」
TAM と NGO、援助機関

　農をめぐる研究の長く豊かな歴史のなかでは、農民と外部協力者の関係についての多くの議論が行われてきた。古典的マルクス主義の研究者が体系化した「農業問題」は、簡潔に述べるとするならば、農民と政党あるいは他の階級との接点、関係、連携に関する分析といえる（Hussain and Tribe 1981）。その後、マルクス主義者は「最も信頼できる革命勢力は誰か」という問いを検討した。これに対し、エリック・ウルフ（Eric Wolf 1969）は「中農論（middle peasant thesis）」を主張し、ジェフリー・ペイジ（Jeffrey Paige 1975）は「農村プロレタリア（rural proletarian）」論を主張した（第2章参照）。毛沢東をはじめとするマルクス主義革命家も、戦略的必要性から同じ問いを検討している。

　モラル・エコノミー（moral economy）の研究者は、小農と他の階級や組織との関係、またそのような関係が小農による政治活動や支援者＝受益者関係に及ぼした影響について分析してきた（Scott 1976）。その後、モラル・エコノミー研究者は、まれにしか起こらない革命や反乱の代わりに、「日常のなかで行われる小農の抵抗」に焦点を当てた研究を始めるようになった。研究でよく引用される「意図的な遅滞、偽装、不服従、盗用、知らないふり、悪口、放火、そして破壊工作」（Scott 1985: 29）といった行為例に限らず、小農と彼らの敵対者、協力者を含む外部者全般との様々な関係が扱われている（Scott 1990; Kerkvliet 2005, 2009）。ケビン・オブライアン（Kevin O'Brien）とリアンジャン・リー（Lianjiang Li）が提示した「正当なる抵抗（rightful resistance）」（Li 2006; O'Brien 2013）という概念は、現代の中国のように、民主主義の損なわれた政治環境における農村住民と外部者との関係をより深く理解するうえで役に立つ枠組みである。

　新古典主義経済学派出身のサミュエル・ポプキン（Samuel Popkin）は、小農と外部協力者の関係を分析するうえで、「自己利益と利益の最大化に関心があ

り、集団行動のリスクを測るうえで常に費用対効果分析を行う小農像」を設定した（Popkin 1979）。

　以上から、これまで様々な学術系統の研究者が、農をめぐる政治学を理解するために、「小農」と「小農以外のアクター」との間の関係をテーマに研究を行ってきたことがわかる。この関係には、小農と労働者、小農運動と政党の協力関係などが含まれる。私たちは本章で TAM と NGO、援助機関の関係に焦点を当てるが、ここでの議論は農をめぐる批判的研究の豊かな学術研究の蓄積のうえに成り立っている。

　20世紀の最初の75年間、政党はラディカル農民運動（radical agrarian movements）の隆盛や衰退に大きな影響を与えた主要な外部アクターであった（例：共産主義政党、社会主義政党、キリスト教民主主義政党など）。当時、メキシコ、中国、ベトナム、アンゴラ、ジンバブウェなどの国々では、反植民地主義勢力や社会主義勢力が小農から多大な支持を得ていた。当然ながら、当時の農民の政治活動に関する学術研究の多くは、いかにして小農が革命家になったか（Huizer 1975）、あるいは小農のうちいずれの社会層が最も革命的かといった問いを中心課題としていた。そして、ウルフ（Wolf 1969）とペイジ（Paige 1975）はこの問いについて、対立する主張を提示した。

　当時の国家計画の多くは、国家統制主義に則っており、国家権力を掌握し、国家主導の開発モデルを確立することを目標としていた。これに対し、草の根の人びとや運動の間では、国家への抵抗や、国家権力を掌握する試みに関する様々な政治論争が繰り広げられていた。このような状況下において、農民運動にとって政党は様々な機能を提供する重要な役割を果たした。たとえば、政党は農民運動に対し、イデオロギー的あるいは政治的なリーダーシップを提供し、農民運動を他の社会運動（特に労働組合運動）とつなぎ、運動の組織化やアドボカシー・キャンペーンの後方支援を行い、運動のまとめ役や学識者の養成を手伝った。この時代の小農運動のあり方が示唆するのは、小農は外部協力者やリーダーシップに対して本質的な敵対心を抱いているわけではなく、むしろ重要なのは、外部者と提携する際の条件だといえる（Fox 1993）。

　武装小農革命の時代は、1979年のニカラグア・サンディニスタ（Sandinista）革命と1980年のジンバブエ解放勢力の勝利を経て、1980年代に事実上の終焉を迎えた。以降は、一時期のペルーのセンデロ・ルミノソ（Sendero Luminoso、輝く道）、コロンビア革命軍（Revolutionary Armed Forces of Colombia: FARC）、1990

年代半ばのチアパスでの武装蜂起、南アジアの毛沢東主義派など、ひと握りの小農集団によって武装革命運動が行われただけである。

　小農による武装革命運動時代の衰退、あるいは政党によって小農運動が主導された時代の終焉は、「闘う」小農運動の終わりを意味したわけではなかった。1980年代には、かつての小農運動と多くの共通点を持つ、新しい種類の小農運動が出現した。その多くは強固に反資本主義的な組織であったが、新しい小農運動には過去の運動との大きな違いがあった。最も重要な違いは、1980年代以降に出現した多くの小農運動が、組織のオートノミー（自治、自律）を公言し、政党への従属あるいは政党の後援を拒否したことである。なかでも、「縦型構造」をとりがちな共産主義や社会主義政党への従属が拒否されている点は留意が必要である（Moyo and Yeros 2005）。

　政党が弱体化し、「闘う」小農運動が復活したことにより、以前は政党が果たしていた複数の重要な機能を小農運動自身あるいはその他の存在が担わなければならなくなった。いくつかの政治力のある小農運動は大政党から独立して、独自のイデオロギーとリーダーシップを構築した。そのような運動の多くは、のちに国際社会運動の研究者が「新しい小農知識人（new peasant intellectuals）」（Edelman 1997）あるいは「地域社会に根ざしたコスモポリタン」（Tarrow 2005）と呼ぶような、雄弁でカリスマ性のあるリーダーを輩出した。

　かつて政党が行ってきた活動のうち、次の三つの領域は、この時代には重要性を失っていた。一つは、厳格な「政治路線」や「政党規律」、そして他の労働者階級運動との提携である。この背景には、正統左派の衰退と、世界での「闘争型」労働組合主義の勢力低下があった。二つ目は、政党が提供していた非常に献身的な幹部と後方支援であり、三つ目は、国家権力のアジェンダの明確化に固執する政党の姿勢である。

　小農運動が政党との関係を断ったことで生まれた空白は、政党に属さないNGOや非政府系の援助組織が徐々に埋めていった。これらのNGOの多くは、のちにTAMとして台頭するネットワークで重要なアクターとなった。NGOや援助機関で働く人びとのなかには、かつて民族解放運動を支える世界的なネットワーク、あるいは南北格差を越えるために形成された国際アライアンスに属した者もいた。これらの人びとは、小農運動の政党に対する失望と不満を深く共有していた。従来、政党が担ってきた任務の一部を引き継いだのは、これらの政党や社会運動以外のアクターであった。

1980年代以前の小農による政治活動あるいは農をめぐる政治は、小農運動と政党の関係を中心とするものであったが、1980年代以降は小農とNGOの関係が中心となり、両者の間で激しい交渉や議論が行われてきた。また、1980年代は政党に従属しない現代的な小農運動が出現し始めた時期であり（Hellman 1992; Putzel 1995）、北の国々の非政府系組織による公的な協力や資金提供が開始した時期でもあった。この時期、北でも南でも、各国政府は非効率的な組織として認識され、南側では腐敗すらしていた。NGOはより「身軽」なサービス提供者であり、割り当てられた資金をより有効に活用することができるという論調が広まっていた時期でもあった。

　このような認識のもと、ヨーロッパでは教会に基盤を持つ小規模な非政府系援助機関が、政府からの資金提供を受けて成長していった。オックスファム（Oxfam）のように、長年存在する非宗教系助成機関も活動の範囲を拡大し、特に西ヨーロッパと北米では著しい数の新しいNGOが、政府や財団、あるいは個人の資金をねらって競争を始めていた。NGO、非政府系援助機関、農民運動の3者の関係は、このような政治的背景のなかで発展していった。

　当時から30年が経過する現在も、これら3者は密接な間柄にあるが、彼らの間には常に緊張関係が存在する。小農運動と政党の関係と同様、NGOと援助機関、小農運動の関係もまた「愛憎渦巻く」ものであり、政治的対立や議論が絶えないものとなっている。この複雑な関係を理解するうえで、本章では二つの要素に焦点を当てて分析を行う。一つはTAMとNGOの関係、もう一つはTAMと非政府系援助機関の関係である。

TAMとNGO

　本書では、幅広く「グローバル・ジャスティス運動」の主題に則った活動を行う非政府組織のなかでも、「農をめぐる問題における正義（agrarian justice）」に焦点を当てたNGOを扱う。これは、現存する多様なNGOをとらえるうえでは非常に限定的なアプローチであるが、本書ではあえて対象を絞る。NGOのなかには資金や組織の規模が大きいものも小さいものもあり、それらは南半球から北半球にかけて様々な地域に散らばっている。多くのNGOは、非政府系援助機関から資金援助を直接受けている。NGOの活動領域は、ローカルレベル、全国レベル、国際レベルと様々である。NGOのなかには、全国あるい

第 5 章　「私たちを抜きにして私たちのことを語るな」　111

は世界的規模のネットワーク（もしくは両方）を持つものもある。大半の NGO は厳密な意味での草の根活動を行っていないが、NGO と社会運動の両方の性質を兼ね備えた NGO も存在する。

　NGO の掲げる目標は多様であり、コミュニティの形成や労働者組織の構築、草の根運動の支援、研究の実施、政策提言など幅広い。これらの特徴を有する NGO の多くは、1970 年代以降に出現した（Edwards and Hulme 1995; Bebbington *et al.* 2008）。

　複数の国際 NGO は、発足、拡大、統合の過程で、TAM との関わりを多様な密度で育んできた。食料開発政策研究所（Institute for Food and Development Policy）、フードファースト（Food First）、トランスナショナル研究所（Transnational Institute: TNI）、グレイン（GRAIN）、ETC グループ（ETC Group）、フィアン（FIAN）、そしてフォーカス・オン・ザ・グローバル・サウスなどがその例である。

　これらの NGO は、TAM の形成過程で多大な貢献を行った。TAM が他の勢力に頼らずに草の根農民運動の力だけでつくられたと考えるのは、不適切なロマンチシズムによる誤った認識である。そのような認識を抱いたままでは、農村部の労働者層やその他の社会集団が独立した運動を構築し、集団行動を実施するうえで直面する構造的、組織的、物質的障壁を十分に理解することは不可能である。NGO が TAM の成立過程で果たした役割は、以下のように複数の側面からとらえることができる。

　第 1 に、NGO は、草の根の農民運動が存在していなかったり、運動の範囲が地域的に限られていたり、運動にまとまりがないような場面で、運動を組織化する支援を行った。この結果として組織化された多くの（準）全国規模の農民運動は、のちに TAM のリージョンブロックを形成していった。

　たとえば、インドネシアの農民アクティビストが初めてビア・カンペシーナと接触するきっかけとなった 1996 年にメキシコのトラスカラで開催された国際大会では、インドネシアの代表団は NGO 関係者によって構成されていた。当時、インドネシアの草の根農民運動はまだ揺籃期にあり、アクティビストは国内各地に分散していた。さらには、過激な主張を行う NGO の支援を受ける農民運動もあった。後にビア・カンペシーナの国際事務局コーディネーターとなるヘンリー・サラギ（Henry Saragih）は、当時メダンに拠点を置く NGO、ヤヤサン・シンテサ（Yayasan Sintesa）に所属していた。サラギと彼の仲間は、ビ

ア・カンペシーナの集会にインスピレーションを受け、全国規模の農民運動を結成する決意を固めた。ほどなくしてインドネシア農民同盟（Serikat Petani Indonesia: SPI）が設立されたが、インドネシア国内で地域ごとに分散した運動を一つの全国レベルの同盟に統合するうえで、インドネシアのNGOが重要な役割を果たした。

　SPIはのちにビア・カンペシーナの国際事務局の運営を引き受け、国際的な知名度を獲得した。SPIは、ビア・カンペシーナの主要な加盟組織となってからも、NGOと密接な関係を持ち続けている。SPIが関係を持つNGOのなかには、コミュニティの組織化、法律、アクション・リサーチを専門とするものがある。SPIの歴史は、TAMの形成の背景にあるNGOと草の根農民運動の切っても切れない間柄を物語っている（Bachriadi 2010）。

　インドネシアのSPIの歴史は、南アフリカの土地なし人民運動（LPM）がたどった道とよく似ている。南アフリカで1994年にアパルトヘイトが撤廃された直後、「闘う」農民運動の組織化が熱心に取り組まれた時期があった。この国家体制移行期の南アフリカにおいて、農地改革は中心的な課題となっていた。1990年代後半、多様なNGOの連合である国土委員会（National Land Committee: NLC）は、全国規模の農民組織としてのLPMの組織化に加わった。まず、NLCに加盟するNGOは、各地でコミュニティの組織化を行った。当時、南アフリカではローカルレベルの農民運動がほとんど存在しなかったためである。政治的にアパルトヘイト体制からの移行期にあった南アフリカで、人びとは全国規模の農民運動を求めていた。NLCはその構築を支援するとともに、LPMを世界的規模のネットワークであるビア・カンペシーナと結びつけた。ただし、その成果は人びとの期待とはかけ離れたものであった。LPMは政治的に大きな力を得ることも、十分な支持者を獲得することもできず、LPMを組織化したNLCもその後解散に追い込まれてしまった（Greenberg 2004）。NLCの崩壊後、LPMのサポートをブラジルのMSTが行った。MSTはビア・カンペシーナによるLMP支援策の一環として、ブラジルの組織者を南アフリカに派遣したが（Baletti, Johnson and Wolford 2008）、これも成果を上げることはなかった。LPMは今日も存続しているが、組織の地盤は薄く、政治的にも貧弱である。LPMとSPIの歴史は、NGOと草の根組織が密接な関係を築いたケースを示しているが、インドネシアと南アフリカではたどった軌跡も成果も大きく異なっている。

　NGOによるTAMへの貢献の2点目は、国境を越えた情報交換や各組織の

幹部やアクティビスト間の交流を可能にしたことである。特に、TAM の形成初期は、情報技術や交通網が発達途上で高価な段階にあり、この分野での NGO による支援は重要な意味を持った。1980 年代から 1990 年代初期にかけて、世界の多くの地域で NGO は農民運動よりも格段に多くのコンピューターや通信技術へのアクセス機会があった。当時、一般的な NGO は事務所に電話、ファックス、ポケットベル、コンピューターを備えており、後にインターネットの利用も可能となった。農民運動の場合、簡素な事務所を借りるだけの資金を持ち合わせた組織でさえ、これらの設備をそろえることができたケースは稀であった。

　現在、NGO の大半には、スタッフの国外出張費を賄う資金があり、さらに多くの NGO は農民アクティビストの交通費も支援している。農民運動にとって、通信設備へのアクセスがもたらしたインパクトは、強調してもしすぎることはない。ディアーとロイスが中南米の文脈で指摘するように、インターネットと「携帯電話の急速な普及によって、農村組織は直前の通知でも（国内外の）会合や行進、デモにより多くの人びとを動員することができるようになった」のである（Deere and Royce 2009: 9-10）。

　NGO が TAM に行った重要な貢献の 3 点目は、アドボカシー活動に必要な情報を集めるアクション・リサーチである。貿易政策や GATT（または後の WTO）についてのアクション・リサーチは、主に研究型 NGO が担った。これには、合成生物学と遺伝子工学の研究を行うカナダの国際農村振興財団（Rural Advancement Foundation International: RAFI、後の ETC グループ）、多国籍アグリビジネス企業の動向を追うバルセロナの GRAIN、1990 年代後半にビア・カンペシーナに貿易問題の研究支援を行ったフォーカス・オン・ザ・グローバル・サウスがある。その他、オークランドのフードファーストの前ディレクター、ウォールデン・ベッロ（Walden Bello）と複数の NGO が 2002 年にバンコクに設立した土地調査・行動ネットワーク（Land Research and Action Network: LRAN）などがその例である。このネットワークは、ビア・カンペシーナの土地改革グローバル・キャンペーンを支援するために結成され、現在はフードファーストの別の元ディレクター、ピーター・ロセット（Peter Rosset）が指導している。スーザン・ジョージ（Susan George）が率いるアムステルダムのトランスナショナル研究所も、援助・貿易・食をめぐる政治・企業権力に関する研究を通してビア・カンペシーナの活動を支援している。

農民運動に対する政党の影響力の減少、そして多岐にわたる農業問題の国際化は、同時進行の現象として世界中で観察された。双方の現象は、世界各地で農民・農業志向型NGOの台頭を後押しした。これらのNGOは以前政党が果たした役割の一部を引き継ぎ、各地の農民運動が国際的なネットワークを形成するうえで多大な貢献を行ったのである。

TAMと非政府系援助機関

ここでは、TAMと「非政府系援助機関」（オックスファム、ActionAid、ChristianAid、Misereor、EED、ICCOOなど）の関係に焦点を当てる。これらの機関は政府組織ではないが、政府の財源から資金提供を受けている。

過去20年のTAMの台頭は、世界的規模の援助複合体（donor complex）の台頭と同時期に起こった。これは本書だけではカバーすることができない、巨大で複雑なテーマである。TAMの形成過程で非政府系援助機関が果たした役割は、一般的なNGOのものと似ているが、いくつかの点で重要な違いがある。第1に、非政府系援助機関は、組織化しつつある草の根農民運動だけでなく、それを支えるNGOにも資金援助を行った。これは、以前は政党が一部担っていた役割である。

現代の農民運動（最もラディカルな農民運動を含む）の歴史は、いずれも突然の大量な資金流入によって始まっている。このような資金は、主に北に拠点を置く非政府系援助機関や南によって管理される援助機関から提供された。この時期に出現したローカル、全国、国際レベルの農民運動は、当時急速に拡大しつつあった北の非政府系援助機関の資金の受け皿となった。農民運動の歴史と非政府系援助機関の歴史は絡み合っており、両者は互恵的な関係をつくり上げたのである。

しかし、農民運動はけっして非政府系援助機関の主導で発展した（すなわち、農民運動の存続は資金の有無が左右した）わけではないということを強調しておきたい。実際、この時期に出現したラディカルな農民運動（少なくともビア・カンペシーナやIPCと提携する組織）の多くについては、そのような相関関係は当てはまらない。ここで述べておきたいのは、非政府系援助機関による大規模な資金提供が現代の農民運動の統合と動員を大きく支えた、という点である。

第2に、非政府系援助機関は国境を越えた情報の交換と、農民運動のアク

ティビスト間の交流を支援した。これはとても重要な点である。多くのTAMの形成初期にあたる1980年代後期から1990年代初頭にかけて、情報通信技術は普及し始めていたものの、大半の団体にとっては手が届くものではなかった。ファックス機の入手、電話代の支払い、映像の録画、インターネット接続可能なコンピューターの設置には、多額の費用を必要とした。同様に、当時は国際的な交通手段もきわめて高かった。政党から資金提供を受けていない農民運動には、そのような資金の持ち合わせはなかった。農民運動に対してこのような場面に不可欠な資源を、ときに直接的に、ときに仲介NGOを介して、惜しみなく提供したのは非政府系の援助機関であった。1993年にベルギーのモンスで開催されたビア・カンペシーナの設立会議も、オランダNGOのパウロ・フレイレ財団が企画運営と資金提供を行った。同財団にとってこの会議の目的の一つは、南の農民組織を支援するために、ヨーロッパ諸国の政府からの資金調達プラットフォームを形成することであった。

　第3に、非政府系援助機関は、多額の費用がかかる国際アドボカシー・キャンペーン資金の大半を支援した。1988年カナダのモントリオールで開かれたGATT交渉には、世界各地から数十名もの農民アクティビストやNGOリーダーが集結し、国境を越えて農民運動どうしが交流する貴重な機会となった。このような交流は、農民運動にとって政治的な戦略を組み立てるうえできわめて重要であり、長期にわたるインパクトをもたらす。しかし、世界各地から大勢の代表団をカナダに呼び集めるためにかかる費用は莫大であった。

　同様に、その後1993年のベルギー、1993年のメキシコのトラスカラ、1999年の米国のシアトル、2000年のメキシコのカンクンで開催されたビア・カンペシーナとその同盟者による大規模な集会、そして世界社会フォーラムの年次大会も、多額の費用を必要とした。

　これらの国際会合は、いずれも非常に重要な交流の機会となっており、TAMの政治生命にとって必要不可欠なものであった[1]。現在でも、非政府系援助機関は、このようなイベントを実現するための莫大な資金を提供し続けている。TAMが円滑に機能するうえで、非政府系援助機関からの資金援助は不可欠である。基本的に多くのTAMは貧しい人びとの運動で成り立っており、メンバーの会費や寄付から十分な収入を得ることができないためである。

TAM、NGO、非政府系援助機関の緊張と矛盾

　TAMにまつわる言説のなかで、「NGO」という単語は、仲介NGOと非政府系援助機関の両方を含む広範な分類枠組みとして用いられることが一般的である。しかし、この二つをひと括りにすることは、TAMと仲介NGO、非政府系援助機関の関係を理解するうえでは得策ではない。ここでは、TAMとNGO、非政府系援助機関の間の緊張関係について簡単な分析を行う。

　ビア・カンペシーナはもともと、強固な反NGO言説を背景に設立された。その設立を主導したASOCODE（中米農民連盟、現在は活動停止中）は、TAMによる初の体系的なNGO批判を展開したことで有名である。ASOCODEは小農運動の「声」を取り戻すことを目指し、小農がNGOの仲介を受けずに自らを直接代表できると主張した。1990年代にASOCODEのコーディネーターを務め、ビア・カンペシーナの創設リーダーとなったコスタリカのアクティビスト、ウィルソン・カンポス（Wilson Campos）は次のように訴えている。

　　中米には小農を代弁するNGOが多すぎる。そして、組織を設立し役員の給与を支払うために、あまりに多くの資金が無駄使いされている」（Biekart and Jelsma 1994: 20）。さらに、カンポスはこうも述べる。「私たち小農は自分のために自分で声を上げることができる。これまでにあまりに多くの人びとが、私たちのいない場で、私たちの気づかぬ間に、私たちを利用してきた（Campos 1994: 215）。

　しかし、皮肉なことにカンポスが後に認めるように、ASOCODEは彼ら自身が批判してきた大勢の有給職員と豪華な本部事務所を備えた、官僚的でNGOのような組織へと変化していった。1990年代の終わり頃、過度に熱心な非政府系援助機関から必要以上の資金提供を受けたからである。結局、ASOCODEは活動停止に追い込まれることとなった。

　ここで、農民運動を一方に、NGOと非政府系援助機関を他方に置いた場合の、両者の緊張関係について批判的に分析してみよう。第1に、農民や農民運動の声を代弁するとみせかけたNGOや非政府系援助機関は、小農運動との間で過去に多くの対立を引き起こしてきた。たとえば、これまで多くのNGOや

非政府系援助機関が、貧しい小農の代表者として、国際会議や政府との交渉、その他あらゆるフォーラムに出席してきた。これは国際的な討論の場で市民社会のために割り当てられた席を埋めるのに十分な数の組織化された農民運動が存在しなかったためである。ただし、特権的に事前に席を割り当てられていたIFAPを除く（第2章参照）。

当初、このような状況は問題視されなかった。たとえば、フィリピンの農民組織KMPは、1985年になってようやく組織化されている。それ以前は、有名な小農リーダーであるNGOのフェリシシモ「カ・メモング」パタヤン（Felicisimo 'Ka Memong' Patayan）が、フィリピンの小農代表として世界各地を回っていた。インドネシアでは、全国規模の農民運動SPIが設立される以前は、メダンに拠点を置くヤヤサン・シンテサというNGO（代表者ヘンリー・サラギ）が、国際会議で席を確保していた。1990年代後半の南アフリカでは、NLCに所属するNGOが似たような役割を果たした。

国際会議で農民を代表するNGOについて、農民アクティビストは問題視していなかった。しかし、1990年代に農民運動が統合されはじめると、国際会議で草の根市民代表者のために割り当てられた席に農民組織ではなくNGOが座っていることが疑問視され始めた。多くのNGOと非政府系援助機関はこのような文脈の変化を素早く察知し、農民運動のために席を明け渡した。しかし、すべてのNGOがそうしたわけではなかった。

複数のNGOは、政治的な目的から、国際フォーラムで農民を代表する立場を保持し続けることを強く望んだ。NGOのなかには、自分たちが草の根アクティビストよりも効果的な仕事ができると信じる組織もあれば、特定の社会運動の政治理念に賛同しかねるという組織もあった。また、国際会議で議席を確保することは、そのNGOの組織的能力を証明すると考えられ、活動資金や影響力を行使する機会といった組織的利益につながることもあった。

設立前のビア・カンペシーナとオランダのパウロ・フレイレ財団の間の顕著な対立関係は、「農民運動とNGO」の間で起きた対立のなかでも初期のものに属するが、これも上記の観点から説明することができる。同財団は、すべての農民運動は保守系のIFAPに加盟すべきであり、IFAPの一員として、WTOの拒否ではなく改善をめざし、協同組合などを推進するための大口資金を政府開発援助機関から獲得する努力をするべきだと考えていた。一方、ビア・カンペシーナを支持するアクティビストは、よりラディカルな内容の活動と組織の

独立性（自律性）を望んだ。

　第2の問題点として挙げられるのは、NGOや非政府系援助機関は、農民運動のイデオロギーや方針に影響を及ぼすために、彼らへの資金供給をコントロールする傾向がある点である。NGOと非政府系援助機関は政治権力と無縁の空間で活動を行っているわけではなく、それぞれの政治観やイデオロギーに基づいたバイアス、ネットワーク、目標を抱えている。NGOや非政府系援助機関の目標が、草の根農民運動やTAMの目標と一致する時には、両者の間の政治的摩擦は少ないが、それらが異なっていたり対立したりする場合には、両者の緊張関係は深刻なものとなる。

　第3に、TAMの国際キャンペーン費用の大半を援助機関が出資しており、非政府系援助機関の多くはキャンペーンの表に出ないが、そうではない場合もある。非政府系援助機関のなかには、より多くの資金を調達するために知名度を上げようと試みるものもある。また、知名度の向上以外にも様々な目的のために、独自の国際アドボカシー・キャンペーンを実施する非政府系援助機関もある。これ自体に特に問題があるわけではなく、非政府系援助機関のキャンペーンのフレーミング、問題分析や要求が連携先のTAMのそれと一致する場合には、大した摩擦は起こらない。しかし、非政府系援助機関と草の根農民運動の掲げるキャンペーンのフレーミングや要求が相いれない場合、さらにはそれらが対立する場合、状況は複雑になるだろう。

　「農民運動とNGO」の関係にまつわる言説は、社会運動アクティビストの間で広く共有される複数の仮定の上に成り立っている。簡略化しすぎた形ではあるが、そのような仮定についてまとめてみたい[2]。

　第1に、農村の貧困層を代表することができるのは農民運動だけであり、NGOや非政府系援助機関にはそうした人びとを代表することができないと多くのアクティビストは主張する。第2に、NGOと非政府系援助機関を統率するのは中産階級の専門家であり、農民運動を率いるのは貧しい小農や農民であるとアクティビストは論じる。第3に、NGOは官僚的かつ非民主的である一方、農民運動は非官僚的で民主的であると認識されている。第4に、NGOには資金があり、農民運動には資金がない。第5に、NGOは家父長主義的で家産制的である一方、農民運動は組織的に「平等」で、代表者などを選挙の形で選んでいる。最後に6点目として、NGOは政治的には保守的で直接行動を避けるが、農民運動は過激で直接行動を行うことが多い。これらの点がすべて同

時に言及されることは稀であり、常に明示的に表現されるわけでもなく、むしろ個別に、暗示的に表現されることが多い。

多くのグローバル・ジャスティス運動、アクティビスト、そしてラディカルな研究者は、上記のような「よい TAM」と「悪い NGO と非政府系援助機関」、という構図を受け入れている。学術論文にも、反 NGO 言説はあふれている。たとえば、ジェームス・ペトラス（James Petras）とヘンリー・ヴェルトマイヤー（Henry Veltmeyer）は、NGO をひと括りにして「新仲買人階級」というレッテルを貼る（Petras and Veltmeyer 2001）。レスリー・ギル（Lesley Gill）は、「女性や先住民族の組織といった、流行りのエキゾティックな集団」であることが NGO の魅力だと揶揄している（Gill 2000: 169）。しかし、実際の TAM と NGO、非政府系援助機関の関係は、こうした単純な二元論よりもずっと複雑である。

代表権の問題は、文脈によって大きく左右される。草の根の市民を代表する農民運動が存在する地域では、NGO や非政府系援助機関は貧しい農民の声を代弁する組織としての立場を確立するために、多くの釈明を行わなくてはならないだろう。しかし、農民運動が存在しない地域では、NGO は自在に介入を行うことができる。

ほとんどの NGO は中産階級の知識人が統率しているが、農家の息子や娘がスタッフを務める NGO も存在する。通常、現場スタッフは農村の貧しい人びとと直接やりとりしたり、農民運動を組織化するなかで課題のフレーミングや要求を行う作業に携わったりすることが多い。そのような場面で、スタッフの出身階級は代表性に正当性をもたらすうえで重要であり、その者の出自が運動の組織者としての素質を左右することもある。

他方、農民運動（ラディカルな TAM を含む）のなかには、中産階級出身の専門家が統率する運動もある。ビア・カンペシーナに加盟するインドのカルタナカ州農民連盟（Karnataka State Farmers' Association: KRRS、第 2 章参照）をはじめ（Assadi 1994）、世界各地に多くの例がある。

すべての NGO が官僚的で非民主的なわけではなく、すべての農民運動が非官僚的で民主的なわけではない。すべての NGO が資金を潤沢に持っているわけではなく、すべての農民運動が破産しているわけではない。さらに、前述したように、過剰な資金提供は前途有望であったはずの農民運動を活動停止に追い込むこともある。

さらに、NGO のなかにも家父長主義的ではない NGO が存在する一方で、

家父長主義的な農民運動も存在する。特に、全国規模の小農組織の幹部層は、家父長主義的であることが多い。また、過激な直接行動を行う NGO もあれば、直接行動に関わらない農民運動も数多く存在する。

つまり、NGO と農民運動を隔てる要因はそれぞれのイデオロギーや政治的立場によるものが多く、単純なステレオタイプは存在しない。したがって、両者の違いを組織形態の差に還元すべきではないのである。

変化するグローバルな援助複合体とその影響

社会正義を志向する NGO や TAM に対する北の非政府系援助機関からの支援の増加は、純粋なる利他主義に基づいていたわけではない。これらの機関にとって、NGO やローカルおよび全国レベルの農民運動や TAM と提携することは、彼らの資金基盤を強化するうえでも有益な方策であった。つまり、農民運動と非政府系援助機関には、提携を通じて互いの組織を強化できるという共通の利益があったといえる。非政府系援助機関にとって、提携相手の農民運動の成功は彼ら自身の成功を証明するものであり、より多くの資金を獲得するうえでの根拠となった。

農民運動にとって非政府系援助機関は、物資に加え情報や専門知識に接する機会を提供し、彼らの運動に正当性をもたらす存在でもあった。農民運動と非政府系援助機関の相互関係は、彼ら自身が認識している以上に、あるいは彼らが望む以上に深く絡み合っている。農民運動と非政府系援助機関は互いに支えあって発展し、互いの組織を強化してきた。したがって、もし一方が衰退したら、他方もおそらく衰退するであろう。

農民と農業に関連する諸問題は、急速で大規模な資金の流れを非政府系援助機関にもたらした。食料生産、農業貿易、農村における栄養不足と飢餓、環境危機と気候変動、林業、農村における貧困といった問題はすべて、政府機関による開発協力と開発援助プログラムの対象となっている。農民運動と TAM が出現するきっかけをもたらした諸問題は、非政府系援助機関の関心領域でもあったのである。また、以前は闘争的な労働組合が農民関連の取り組みに対する割り当て資金を独占していたが、それらの労働組合が弱体化したことにより資金が解放された。つまり、農民と農業に関する諸問題の緊迫化、そして同分野の社会運動と NGO のめざましい発展が、主に北の非政府援助資金の拡大を

もたらしたのである。

　多くの非政府系援助機関は、もともとは教会に基盤を置く小規模な組織であった。それらの組織は教会や地域社会のネットワークによって資金的に支えられていたため、どの問題に取り組み、どのNGOと提携し、どの社会運動を支援するかといった決定を行う際に、独立した判断を下す権限をほとんど持たなかった。しかし、NGOの成長と農民運動の出現とともに支援ニーズは拡大し、まもなく教会組織は財源不足に陥った。グローバルな新自由主義が猛威をふるい始めた1980年代に多くの国に影響をもたらした構造調整は、政府援助複合体にも影響を及ぼした。援助複合体にとって、援助分野の民営化とは援助事業の「NGO化」（NGOization、NGOへの委託）を意味した。かつて二国間援助として実際されていたものは、北のNGOや非政府系援助機関を介して提供されるようになった。北のNGOは大口の援助資金を一手に引き受け、それを途上国の仲介NGOや社会運動に小売りした。NGOの目的は、当時非効率で腐敗していると見なされていた政府の代役を務めることであった（Edwards and Hulme 1995）。教会に基盤を置く小規模な非政府系援助機関が従来行ってきた資金調達様式は、政府からの莫大な援助資金の流入にとって代わった。支援金を受けとった南の「パートナー」あるいは「提携先」組織の資産は、突然の資金の流入によって急速に膨れ上がった。

　ヨーロッパ諸国は援助複合体の中核であり、ODAの対国民総所得（GNI）比が世界で最も高い。人口が1700万人以下のオランダは、2013年に56億ドルのODAを拠出したが、これは主要援助国群のなかでも8位の拠出額であった。その他の国はノルウェーを除き、いずれもオランダより規模の大きい国ばかりである。興味深いことに、オランダのODA対GNI比率は、2013年に1974年以来初めて国連の推奨する目標比率の0.7％を下回った（OECD 2014b）。オランダの例は、「非政府系援助機関とパートナー」の連携モデルが社会運動や途上国NGOにもたらす機会とリスクの両面をよく表している。

　オランダの協調融資プログラムは、世界の政府援助のなかでも最大規模の援助プログラムである。NGOとの協調融資に関する公的な仕組みは1965年から存在しているが、これが急速かつ着実に拡大を始めたのは1970年代後期からであった。たとえば、開発協力のための教会間組織（Inter-Church Organization for Development Cooperation: ICCO）に対する政府の予算の割り当ては、1973年から1990年の間に6倍に増加した（Derksen and Verhallen 2008: 224-25）。1990年代半ば頃、

NGOと非政府系援助機関のなかで「予算の大部分を公的援助に依存していない組織はむしろ例外的な存在であった」(Edwards and Hulme 1995: 5、下線部は原文のまま)。

　1980年以降、少なくない数の非政府系援助機関がオランダの大口資金をめぐって競争してきた。それらはノヴィブ(Novib、のちのオックスファム・ノヴィブ Oxfam-Novib)、コルダイド(Cordaid、以前は Cebemo)として知られるカトリック教会連合(Catholic Church Consortium)、ヒヴォス(Hivos)、そしてICCOであり、一般に「ビッグ・フォー(The Big Four)」と呼ばれる(de Groot 1998)。

　ビッグ・フォーは事業の規模の大きさに加えて、ラディカルなNGOやローカルおよび全国レベルの農民運動やTAMに多くの資金援助を行ったという点で、特筆に値する。2007年には、資金の割当率と配当方法が変更され、多様な課題に取り組み多様な政治的志向を持つ小・中規模のオランダのNGOにも支援の窓口が開かれた。

　2007年に新しく導入されたシステムは、MFS‐1協調融資スキームという名で、3年間の資金提供期間を設けた。最初の2007〜2010年期には、ビッグ・フォーが合計約18億ユーロ(年間5.77億ユーロ)を勝ち取った。これは協調融資基金の80％に相当する。2回目の4年(2011〜2015年)期には、ビッグ・フォーは15億ユーロ(年間3.78億ユーロ)を受給した。これは提供された補助金の71％にあたる。

　オランダの海外開発協力の総額(2013年には56億ドル)は、これらの額よりも格段に大きい(OECD 2014b)。これは、すべてのODA予算が協調融資スキームを介するわけではなく、50以上の小・中規模の機関もまたODA資金を受給しているためである(Minbuza 2009)。オランダ外務省と世界各地のオランダ大使館も、途上国の提携相手に資金を提供している。総合的には、2007年以降、オランダのODA資金のうち年間およそ5億ドルが社会正義分野のTAMと提携する非政府系援助機関やNGOに拠出されてきた。ただし、TAMはそれら非政府系援助機関やNGOの唯一のパートナーではない。また、非政府系援助機関やNGOは、受給した資金の全額を寄付したわけでもない。実際には、その多くが一般事務諸経費に充てられた。しかし、これらの数字は、TAMがアクセス可能な資金の規模を知る手がかりにはなるであろう。

　オランダの協調融資スキームは、カトリックの四旬節キャンペーンのようにボランティアが都市部を戸別訪問する資金調達や、100ドル以上の寄付者に対

してエリック・ホルト・ヒメネスの著書をプレゼントするフードファーストの年末キャンペーンと比べて、格段に規模が大きく、複雑な仕組みである。

2008年に起きた金融危機、そして多くの援助国での保守政党の台頭は、援助予算を圧迫した。援助に懐疑的な政治家は支出削減を訴え、納税者が収めた税金が好ましい効果を生んでいることの証明を求めた。第2次協調融資期（2011〜2015年）、オランダは新しい協力資金のシステムに移行した。この間、年間の援助割当金額がやや減少し、「ビッグ・フォー」に対する配り当ても減少した。トランスナショナル研究所やフレンズ・オブ・ジ・アース（Friends of the Earth）といった小規模の組織は、資金を獲得するために他の組織との間でクラスターやアライアンスを形成するといった策をとらねばならなかった。

2015年以降のシステムの大枠はまだ定まっていないが、おそらく利用可能な資金の額は減るであろう。また、資金の配分方法も、組織を対象とした大口の資金提供ではなくプロジェクトベースの契約や下請けなど市場志向を基本とする配分の仕組みへと変化していくことが考えられる。また、今後は「ビジネスと人権」という企業社会責任（CSR）の枠組みが、パートナーの選別や資金の配当を方向づけることになるだろう。この枠組みは、具体的で数量化可能な結果を出すプロジェクトに重点を置くため、オランダの納税者にもわかりやすく、多くの非政府機関はこれに合わせる試みを進めている（Derksen and Verhallen 2008）。

オランダは世界でも第8位の海外開発援助の拠出国であり、対国民総所得（GNI）比は世界第6位である（図表5.1と5.2を参照）。しかし、ここで強調したいオランダの重要性は、このような順位だけではない。まず、オランダとドイツの政府系援助機関は、ラディカルな農民運動の最大の支援者であり続けている点が挙げられる。さらに、1960年代にオランダで始まった協調融資モデルは、改定後、ヨーロッパのほとんどの国とカナダで採用されている。オランダの援助複合体を圧迫した構造調整の波は、それらの国々でも同様あるいはより深刻な影響をもたらした。

なぜ北のヨーロッパの政府は、南のラディカルな社会運動に（間接的にではあっても）ここまで寛大な支援を行うのだろうか。ここではこの重要な問いへの完全な回答を提示することはできないが、いくつかの仮説を提示してみたい。

1980年代から90年代にかけて、世界各地で市民社会組織が急増したが、これは多くの中南米諸国（またその他の複数地域）の民主化や冷戦終焉と同時期の

図表5.1　政府開発援助（ODA）（単位：10億ドル）
出典：OECD 2014b

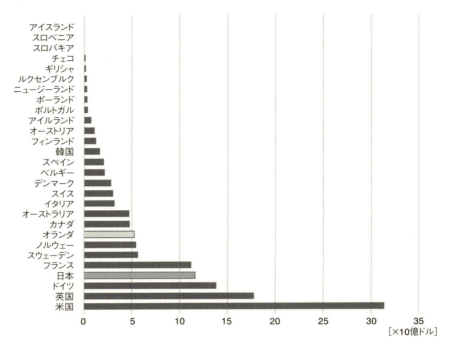

出来事であった。当時、米国は最大のODA拠出国だったが、同国は途上国の保守的でビジネス志向の提携相手を支援し、自由選挙、法律改正、公的機関の民営化、経済の自由化を推進する傾向があった。米国が懸念していたのは、1980年代の中米やフィリピンなどの地域で政府転覆をはかった共産主義勢力による革命運動の攻勢であった。

　他方、ヨーロッパの政策立案者（特にスペイン、スカンジナビア、オランダ、ドイツの社会民主主義者）は、政情不安の主な原因は不平等、貧困、人権侵害、独裁主義支配にあると考えた。冷戦末期、二つの競合する市民社会の方向性が生まれた。一つは米国による企業セクターを支援する方向性。もう一つはヨーロッパ（とカナダ）による、歴史的に社会的弾圧を受けていた集団をエンパワーする（力づける）ことで民主化、開発、社会安定を目指す方向性である（Macdonald 1997）。しかし、その後の数年間、多くのヨーロッパ諸国とカナダ政府は右傾化し、ODAに対する見解は（完全にではないが）次第に米国のビジョ

図表5.2　国民総所得（GNI）に対する政府開発援助（ODA）の割合
出典：OECD 2014b

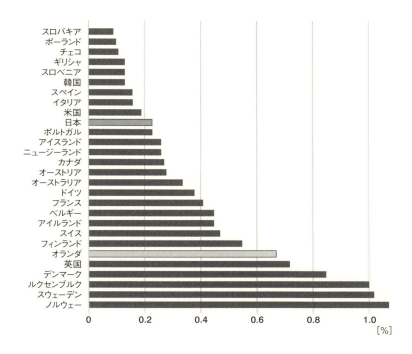

ン（市場志向）に近づいていった。

　今後数年間は、北の非政府系援助機関による資金提供は続くだろう。北の政府にとって、ODA資金を提供することには政治的メリットがあるためである。しかし、ODAの量と手法はすでに劇的に変化してきている。将来的に予測される動きとしては、ODA予算の劇的な削減、資金利用の際のより厳しい政治的条件の付与、組織の一般運営支援に向けた機関助成金の減少、プロジェクトベースの契約の増加、政治的な反対運動への支援の削減、官民連携プロジェクトへの割当の増加などである[3]。

　もう一つの課題には、多くの政府が海外の非政府系援助機関やそれらのローカルな提携相手への反感を強めていることが挙げられる。この傾向は、市民社会組織の外部基金へのアクセスを制限する法律や制度を設ける国の増加につながっている。たとえば、ロシア、インド、スリランカ、ネパール、バングラデシュ、中国、インドネシア、マレーシア、カンボジア、ベネズエラ、ボリビ

ア、ペルー、エクアドル、ニカラグア、ホンジュラス、ハンガリー、エチオピア、ジンバブウェ、ケニア、ザンビア、ウズベキスタン、ヨルダン、エジプト、アルジェリアなどの、数多くの多様な政治的背景を有する国々が、このような法制度を定めている（Carothers and Brechenmacher 2014）。これらの国の多くには、少数の例外を除いて、TAMと提携する強力な農民運動が存在しない。第4章でも触れたTAMの地理的分布の不均衡が生じる背景には、市民社会の海外資金へのアクセスを制限あるいは複雑化させる政府の取り組みが部分的に関係している。

　上記のODAとNGOの対立を背景に、イアン・スマイリー（Ian Smillie 1995: 160）は20年前に次のように述べている。「カナダ国際開発庁（Canadian International Development Agency: CIDA）がくしゃみをするとき、［…］カナダのNGOはビタミンCに手を伸ばす」。20年後、CIDAはくしゃみにとどまらず、構造改革による深刻な打撃に苦しめられていた。カナダを襲った症状は急激な資金削減、より制限の多い保守的な政治方針、外交・貿易利権への政府の従属の強化などであった。これらはカナダのNGOや非政府系援助機関に、どのような影響をもたらしたのだろうか。この現象の影響を被ったのは、大型の組織では開発と平和のためのカナダ・カトリック組織（Canadian Catholic Organization for Development and Peace: CCODP）など、小さい組織ではインター・パレス（Inter Pares）のようなラディカルな団体も含まれていた。いずれも世界各地のラディカルな農民運動と提携する組織ばかりであった。このような構造調整のドミノ効果は、今後TAMにどのように影響をもたらすのだろうか。

　援助複合体が大きな変化に直面しているからといって、農民運動とTAMが崩壊するわけではない。とはいえ、複数の全国規模の運動団体が援助資金の減少によって弱体化しているのは事実であり、運動が加盟するTAMにも影響をもたらすであろう。

　ビア・カンペシーナは過去数年の間に、少なくとも三つの重要な非政府系援助者を失った[4]。新しい援助機関や、大口の資金調達が可能な援助機関を見つけることはけっして容易ではない。一方、主要な大型TAMであるIPCは、過去に一度も援助機関の資金を安定的に確保できたことがない。保守派のIFAPでさえ、第3章で述べたように、主要な資金提供者の突然の支援停止によって破産した。

　ただし、資金難は必ずしも乗り越えられないわけではない。全国規模の農

民運動と TAM は従来の協力者（政党）と袂を分かった後に、代わりの協力者（NGO と援助複合体）を手に入れた。現在深刻化しつつある資金問題は、新しい協力者や、よりクリエイティブな資金調達手段といった新しい選択肢を生み出すかもしれない。ただし、そのようなプロセスには確実に長期的な苦労が伴うだろう。

結論：組織形態を越えた対立と協働の関係

　TAM、NGO、そして援助機関は、同じグローバルな社会文化的および政治経済的文脈を背景に、ともに発展してきた。新自由主義的グローバリゼーションによる南の政府機能の縮小は、NGO と援助複合体の台頭をもたらした。その一方で、1980 年代以前の政治政党と農民運動の間のアライアンスは、多くの地域で崩壊した。かつて政党が果たしていた後方支援や政治活動上の支援業務の一部は、NGO と非政府系援助機関によって引き継がれ、TAM の発展へとつながった。

　労働者階級の主体性（エージェンシー）に焦点を当てる古典的な農民研究の多くは、小農は外部のアクターとの連携に対し積極的だと論じている（Thorner 1986）。実際、小農の多くは遠隔地に住んでいたため、彼らの集団行動のリスクを軽減し、政治的影響力を強化するためには、外部の協力者を必要とすることが多かった。しかし、小農が気にかけていたのは、連携関係の条件であった。政党をはじめとする外部アクターは、小農との間で過去に多くの議論と交渉を重ねてきた。小農と NGO、非政府系援助機関の関係もこれに似ている。

　ビア・カンペシーナや IPC などのラディカルな TAM は、IFAP とその「小農を代表する組織」としての主張に対し異議を唱えてきた。同様に、ビア・カンペシーナと IPC は、パートナー機関や資金提供者に一貫して彼らの自律を主張し続けており、特に代表権の問題においては「私たちを抜きにして私たちについて語るな」という巧みなスローガンで彼らの立場を表明している。

　今後重要になってくる問いは、TAM がいかにして援助複合体の転換期を乗り切ることができるか、また一方の非政府系援助機関がいかにして小農運動の独立性と自己代表権の主張に応じるかにある。

第6章
国境を越える農民運動と国際機関

　「国家 = 小農関係（state-peasant relationship）」は、農をめぐる批判的研究（critical agrarian studies）の分野において中心的テーマとなってきた。農村と小農階級（peasantry）は長らく、国家の形成過程の研究において中核を占める対象であった。他方で、小農の側も、国家形成に対して影響を及ぼそうと試み、国家を変容させ、さらには国家権力を掌握することを目指して政治活動を行ってきた。

　この関係を扱う研究としては、バリントン・ムーア・ジュニア（Barrington Moore Jr. 1966）の『独裁と民主政治の社会的起源——近代世界形成過程における領主と農民』（*Social Origins of Dictatorship and Democracy*）をはじめとする歴史的制度主義派（historical-institutionalist）の古典的研究、近著ではメキシコに焦点を当てたメリリー・グリンドル（Merilee Grindle 1986）やジョナサン・フォックス（Jonathan Fox 1993）がある。また「日常」的に行われる小農の政治活動に焦点を当てた研究も、国家 = 小農関係を問うものである。ジェームズ・スコット（James Scott 1976, 1985, 1990, 1998, 2009）、ベネディクト・ケルクヴリエット（Benedict Kerkvliet 2005）、ケヴィン・オブライアンとリャンジャン・リー（Kevin O'Brien and Lianjiang Li 2006）などがその例である。現代における農をめぐる対立の分析においても、国家=小農関係は中心的なテーマとなってきた。たとえば、1995年のチアパス蜂起（Harvey 1998）、ジンバブウェで2000年以降に急行列車のように進められた農地改革（Cliffe *et al.* 2011）——これは論争を呼ぶものであった——、中国の農村改革（Yeh *et al.* 2013）、そしてブラジルの土地なし労働者運動（MST）と政府の間の争い（Wolford 2010b）に関する研究が挙げられる。

　しかし、新自由主義的グローバリゼーションが拡大し、国境を越える農民運動が台頭する現代において、私たちはこれまで以上に視野を広げる必要に迫られている。もちろん「国家 = 農村関係」は依然として重要なテーマであるが、

現代においては「TAM と政府間機関（intergovernmental institutions）」という視点から分析を行う必要がある。逆に、政府間機関をめぐる政治研究もまた、農民運動や政府＝小農関係に関する研究を検討することが欠かせなくなってきている。これらを扱う際に重要な概念としては、「オートノミー（自治、自律）」、「権力側によるとり込み（co-optation）」、そして「説明・履行責任（アカウンタビリティ）」などが挙げられる。

新自由主義、国民国家、そして市民社会の台頭

　過去30年間、南と北の国々は、複合的な圧力に直面してきた。新自由主義的グローバリゼーションは、多くの場合、国家の統制力を制限すると同時に、国際ガバナンスの権限を強化してきたからである。国際金融機関は、アカウンタビリティ、「コミュニティ・エンパワメント」、より安価で効率的なサービス提供の名のもとに分権化を推奨したが、その一環として、国家は政治、財政、行政上の権限を地方政府に譲り渡さなければならなかった（World Bank 2000）。公的セクターの様々な機能の民営化は、社会的セーフティーネットを切り刻み、国家の正統性を傷つけ、為政者がパトロン＝クライアント（親分＝子分）関係やコーポラティズムを用いた手法によって民衆支持を獲得する権限を制限した（Fox 2001）。さらに、「租税回避地（タックス・ヘイブン）」の急増と、海外での資金運用の簡易化により、各国政府の財政基盤は脆弱化し、政府は力をつけた金融セクターの要求に従わなくてはならなくなった（Henry 2012）。このような変化にもかかわらず、依然として中核国家は政治経済面で重要なプレーヤーであり続けている（Keohane and Nye 2000: 12）。

　国家が農業従事者や労働者階級に対する従来の責務から部分的に撤退したこと、また民営化の波は、貧困層による自然資源の管理権、信用貸し、社会保障、基本的な公共設備へのアクセス権に負の影響を及ぼし、多くの人びとが市場勢力の非情にさらされている。

　世界レベルからローカルレベルにまで及ぶ状況の変化は、世界の農村住民にとって、脅威と機会の両方をもたらした。農民運動は、国家の分権化とそれに伴う「エリート支配」に対抗して、ローカルレベルを焦点とした活動に力を入れるようになった。それと同時に、農民運動はグローバル・ガバナンス機関の台頭に応じて、アドボカシーや動員活動の規模を国際化しなくてはならなく

なった。

　この複雑な状況は、結果として、「水平」で「多元・脱中心的（polycentric）」な性質の農民運動を新たに生み出した。特定国内あるいは国境を越えたレベルにおける「垂直統合」を推進する機構に対抗するためであった。「グローバリゼーション」対「分権化」として一見矛盾してみえる二つの動向は、国家に多大な影響を及ぼしており、結果的に農民運動の政治や組織化の過程にも変化をもたらしている。まさに、このような局面のなかで現代の国境を越える農民運動（TAM）は出現し、新しい形の超国家的ガバナンスを目指して闘っているのである。

　国際開発機関はTAMが出現すると、素早くそこに「開発のためのパートナーシップ（partnerships for development）」の機会をとらえた。この「開発のためのパートナーシップ」という比較的新しい開発のモダリティ（様式）では、国際ガバナンス機関と企業や市民社会の協働を重視する（その際、企業や市民社会は「ステークホルダー」という階級を無視した新しいカテゴリーに括られる）。

　1992年にリオ・デ・ジャネイロで開催された国連環境サミットを起点として、この「パートナーシップ」モデルは急速に普及した（Bruno and Karliner 2002）。ブラジルの元大統領フェルナンド・エンリケ・カルドーゾ（Fernando Henrique Cardoso）が議長を務めた国連委員会による報告書発表の2年後、国連による市民社会組織の認可手続きが改正され、草の根組織の参画も可能となった（McKeon 2009; Willets 2006）。ストリーツとトムセン（Streets and Thomsen 2009: 8）の研究は、このようなパートナーシップ——その範囲は共同調査事業から厳格な縛りのある共同事業まで多岐にわたる——の増加ぶりを、次のように巧みにまとめている。

> 　現存する世界のパートナーシップ数を網羅した統計は存在しないが、個別の機関が出版した報告書のデータを参照すると、世界的にパートナーシップの数は増加していることがわかる。国連の持続可能開発委員会（Commission on Sustainable Development: CSD）のデータベースに記載されるパートナーシップの数は、2006年から現在（2009年）までの間に319から344に増加した。また、同期間に世界各地の二国間パートナーシップ・プログラムの数も増加している。（FAOは）830以上の協定を結んでおり、［…］近年、世界規模のマルチステークホルダー・イニシアティブが促進

される傾向もある。1980年に50のグローバルなパートナーシップが存在していたのと比べて、2005年にはおよそ400のパートナーシップが特定されている。現在世銀は125のグローバル・パートナーシップ・プログラム（Global Partnership Program）と50の地域パートナーシップ・プログラム（Regional Partnership Program）を実施しているほか、［…］国連開発計画は40以上、［…］国際農業開発基金は［…］30以上のパートナーシップ・プログラムを実施している。

　国際機関はこれまでにも市民社会とアライアンスを結ぶことはあったが、国境を越える組織とアライアンスを結ぶことはまったく新しい取り組みである。ソヴィネット＝ベドウィン、ニコルソン、タラゾナの研究（Sauvinet-Bedouin, Nicholson and Tarazona 2005: 11）によると、NGOや市民社会組織は近年、国境を越える社会運動ネットワーク、シンクタンク、グローバル政策ネットワークに統合されつつあり、この新しい現象はFAOとNGO、市民社会組織の関係に影響を及ぼしている。

　FAOにとって、TAMと提携関係を結ぶことは、ミレニアム開発目標（MDGs）の実現において任務の一部であった（MDGs目標の第8番は「開発のためのグローバルなパートナーシップの構築」である）。ただし、FAOは用心深い姿勢を示しており、「TAMは発展途上〔の組織〕であり、TAMの中には多様な社会集団や立場を代表する、非常に幅広い組織が存在する」と述べたうえで、「個別の市民社会組織・NGOがそれぞれの支持者を真正に代表する能力」への注意を喚起している。またFAOは、「市民社会組織・NGOとパートナーシップを組む際、FAOはこれまで以上に開放的でインクルーシブな立場をとらなくてはならない。特に、市民社会組織・NGOのカテゴリーの人びとは、FAOの「『誠実なる仲介者』としての役割を評価しているため、開放性とインクルーシブな姿勢は重要な要素である」とも述べている（FAO 2006: 2-3）。

　近年、政府間機関が農業に影響をもたらす政策（農民を直接対象とするものや、貿易政策など間接的に影響を及ぼすものを含む）の形成、出資、実施に以前よりも多く関与するようになったことを受けて、政府間機関はTAMのキャンペーンの重要な対象となってきた。キャンペーンのなかには、高度に対抗的な「外側からの」抗議活動も存在する。たとえば、WTO会合を妨害する目的で行われたビア・カンペシーナや他の社会運動のものが挙げられる。しかし、他のより

第 6 章 国境を越える農民運動と国際機関 133

戦略的なキャンペーンは、政府間機関への「入口(エントリーポイント)」を探り、政府間機関の「内側から」働きかけてきた。たとえば、IFAP や近年の WFO などのエリート主義的で主流派組織は、設立当初から常に政府間機関の「内側」に足場を築いてきた。

　農民運動にとって FAO は「誠実な仲介者」であり、WTO よりも格段に柔軟で圧力に応じやすい機関としてとらえられてきた。FAO は、本書で分析を加えてきた TAM どうしの差異を明確に認識しているが、このような差異を指摘したり、そうした差異に配慮するべきとの説明をすることはない。

　ビア・カンペシーナの主要な農業問題に関するグローバル・キャンペーンは、国際政策形成の場において「新しい」「これまでとは異なるタイプの」市民参画メカニズムを形成するうえで貢献した。このような場、あるいはその内部を通じて、ビア・カンペシーナは傘下の加盟団体の多様な視点と立場を整理して提示し、農業や貿易などグローバルな問題に取り組む他の非政府系アクターの活動に関与するとともに、政府間機関との関係を深めている。このような場は「新しい」ものといえる。なぜなら、かつて国際機関の会議に参加できたのは、NGO や中規模・富裕農民組織だけであり、貧しい小農や小規模農家の立場はこれらのアクターに代弁されていたからである。これに対して、ビア・カンペシーナが新たにつくり出したのは、国際政策形成の場に貧しい小農と小規模農家自身が参画するための仕組みである。それは小農のためにつくられ、そこを占有するのは小農であり、活用するのも小農であるというように、「小農のための」空間であり、今までとは明確に異なる空間であった。

　また、新自由主義の影響で国民国家が変容したことにより、政府と市民社会の関係性において二つの新しい（相互に関連し合う）問題が生じた。ジョナサン・フォックス（Jonathan Fox）は「しぼられた風船（squeezed balloon）」の比喩を用いて、一つの厄介な状況を説明している。

　　現在のように地域、国家、連邦政府、さらに国際アクターの間で権力(パワー)が割り当てられている状況では、市民社会組織は「風船」が直面する問題に立ち向かわなければならない。たとえば、風船のある部分をしぼると他の部分が膨張するように、政府内の特定部署やレベルを対象としてアドボカシー活動を行っても、責任が他に転嫁されるだけで終わることがある。政府機関は批判を受けても、より上位の連邦政府や下位の地方政府に責任を

押し付けて、簡単に批判を逃れることができるのだ［…］市民社会組織の抱えるこのようなジレンマは、「公的な」意思決定と政策が実施される<u>あらゆる</u>レベルにおける透明性の欠如によってさらに深刻化している（Fox 2001: 2、下線部の強調は原文のまま）。

　「しぼられた風船」問題は、もう一方の困難な状況の結果であり原因でもある。国際化・地方分権化の流れのなかで、様々なレベルのガバナンス機関が出現し、市民社会はそのすべてに対して同時かつ継続的に圧力をかけ続けなくてはならなくなった。

　なお、グローバルな市民社会組織（農民組織ならびに非農民組織を含む）の力のほとんどは、「ブーメラン・パターン」と呼ばれる現象によって生じたものである（Keck and Sikkink 1998: 12-13）。この表現は、ケックとシッキンクの重要な著書『国境を越えるアクティビスト』（*Activists Beyond Borders*）で提唱されたものであるが、その他の研究者は「会場移動（venue shifting）」（Van Rooy 2004: 20）、「馬跳び（leap-frogging）」（O'Brien *et al.* 2000: 61）などの表現でこれを表している。これは、運動が国内レベルで目的を達成できないとき、別のレベルに圧力を加える試みによりこれを実現しようとすることを指す。たとえば、国際的な同盟者と連携して、各国政府を国際規範に適合させるための働きかけを行うなどである。

　このように異なるレベルの活動を同時に行うためには、多くの資金や情報などの資源が不可欠である。なかでも、国際機関に働きかけるための「入口」やこれらの機関の弱みに関する知識は、最も重要な情報の一つを成す。

　次の節では、政府とTAMの関係性についての多様な側面の分析を行う。特に、制度的空間、同盟者、対象者、そして敵対者などに焦点を当てる。また、TAMが特定の政府間機関に関与する際の戦略と手段についても手短かに議論する。政府間機関として取り上げるのは、国連食料安全保障委員会（UN Committee on World Food Security: CFS）、国際農業開発基金（International Fund for Agricultural Development: IFAD）が資金提供する農民フォーラム（Farmers' Forum）、そして「小農の権利」についての関心が強まりつつある国連人権理事会（UN Human Rights Council）である。最後に、TAMごとに政府間機関との関係のあり方が異なることによって、どのような問題が生じているのかについても分析を加える。

制度的空間

「制度的空間（institutional space）」は、公式ならびに非公式の規則(ルール)が、超国家、国家、非国家アクター間の出会いを構造化する場である。ここでの「非国家アクター」には、グローバル・ジャスティス運動やその言説と関わりを持つ幅広い層の TAM、NGO、市民社会組織（CSO）、そして非政府系援助機関が含まれる。「制度的空間」は、技術上あるいは行政上の空間というよりも、むしろ政治的な意味を帯びた空間であり、TAM にとって非常に重要な場である。制度的空間内で非国家アクターに割り当てられた席に「誰が座っていて、誰が座っていないか」は、誰がどの政策に影響を及ぼすことができ、誰がどの資金にどれほど接することができるかに関わる重要事項である。様々な種類の制度的空間が存在するが、それらがなぜ、どのように形成され、誰がどのような経緯で参加しているか、といった点に着目して分類することが可能である。本書では、次の分類を提示する。(1)「招待された空間」、つまりすでに場が存在しており、政府間機関が市民社会の参入を後から認めた場合、(2)「TAM による参加要求を受けて解放された空間」、(3)「新しくつくられた空間」、つまり以前は存在しなかった新しい場が TAM のアドボカシー活動の結果としてもたらされた場合である（Gaventa and Tandon 2010, Fox 2005）。

TAM はそれぞれ、様々な空間とその政治的価値について異なる認識を持っており、その認識は時間の経過、特に幅広い意味での政治的機会を生み出す構造が変容するにつれて変化する傾向がある。大別すると、TAM は制度的空間に対して四つの見方を持っている。

第1に、彼らは制度的空間を「交流の場」としてとらえる。TAM はこのような制度的空間に招待されることによって、TAM 内部あるいは TAM 間の対面交流が実現できる。TAM がこのような出会いを望んでいないわけではない。しかし、そのような機会の提供がない限り、政治的・経済的理由で実現が困難なこともある。TAM にとって、政府間機関が開催するメイン・イベントよりも、同時にサイド・イベントとして開催される「パラレル（平行）・フォーラム」の方がより重要な意味を持つことも稀ではない。制度的空間に市民社会が参加するための仕組みづくりが開始したのも、閉ざされた政府間会議への参加許可を求める「外部者」が開催したパラレル・フォーラムが発端であった

(Pianta 2001)。

　第2に、この空間は、地域や各国の政策に幅広い影響を及ぼす多国間政策に対して闘いを挑むための、重要な根拠地になることもある。たとえば、WTO 交渉や世銀が仲介した市場主導の農地改革に関する初期の会合において、TAM は制度的空間やその周辺で、国際的な同盟者や対抗相手とやりとりを重ねてきた。

　第3に、制度的空間への参加は、TAM のキャンペーンや TAM の国別メンバー組織（なかには国内で周縁化・迫害されている組織もある）に正当性をもたらすうえで重要なプロセスとなることもある。国内でリーダーが暗殺予告など深刻な脅迫を受けている小農グループや、農業省や商務省から見下されてきた組織は、世界食料安全保障委員会（CFS）などの国際レベルの制度的空間に招待されたり参加を許可されることによって、政治的正当性と自らの身を守る手段を手に入れることができる。

　第4に、制度的空間は、社会運動を進めるための活動資金の提供元を特定するうえで役立つことがある。当然、これらの四つの要素は重なり合うこともあり、それぞれの TAM の優先事項もときとともに移り変わる。

世界食料安全保障委員会（CFS）

　かつて CFS は、国連機構の中でも活気に欠けた組織の一つであった。CFS の活動は人びとの関心をほとんど引いたことがなく、とりたてて CFS に興味を持つ者は（TAM 内にさえ）いなかった。

　そのようななか、2006年に FAO が後援する、農地改革と農村開発に関する国際会議（International Conference on Agrarian Reform and Rural Development: ICARRD）が開催される。この会議の後、ビア・カンペシーナと IPC とこれらの同盟者は、農地改革を優先的課題として取り組むよう FAO に対して働きかけを開始した。その直後の2008年に、世界食料価格が急騰し、数十か国で食料をめぐる暴動（food riot）が生じる結果となった。国際メディアは食料価格高騰の元凶は土地収奪（land grabbing）であると大々的に報道した。これを受けて、国連として食料問題に正式に介入するよう求める声が日に日に増していった。さらに、グローバル・ガバナンスの再構築を目指す「エリート層・企業」と、CFS などの重要な機構への市民の参加権を求める「市民社会」の間で、論争が巻き起こった。

これらの背景は、TAMのなかでも、特に自然資源や土地、水、森林に関わる課題に取り組む運動にとって、CFSを政治的に重要な意味を持つ場に変貌させた。2009年、草の根からの集中的な圧力を受けて、CFSはCSOに公式な政府の代表者とほぼ同等の参加権を与えた。これには、CFSの本会議や委員会での討議中に介入する権利も含まれた。ただし、CSOは依然として投票権を有してはいない。同時にCFSは、企業関係者のためのプラットフォームとして「民間セクターメカニズム（private sector mechanism）」を設置した。

多くのCSOにとって、CFSの組織再編は、市民社会組織の立場を正当化するうえで重要な意味を持った（McKeon 2013, Brem-Wilson 2015）。また、CFS再編の影響でFAOの漁業委員会（Committee on Fisheries）をはじめとする他の機構にも国境を越える社会運動の参加が許可されるなど、FAO全体にとっても大きな影響を及ぼした。

CFSを通じ、市民社会組織とTAMは、後の2012年に制定された「土地、漁業および森林の権利における責任あるガバナンスのための任意ガイドライン（VGGT）」のような国際協定づくりの交渉への参加権を要求し、それを獲得することに成功した（CFS 2012; McKeon 2013; Seufert 2013）。

ビア・カンペシーナ、IPC、その他複数のTAMとそれらの傘下にある団体は、派遣団をローマに送り、政府代表者や企業関係者とともに活発に議論を行った。一般的に「VGs」と呼ばれる上述の任意ガイドラインは、法的拘束力のないソフトロー（非拘束合意、行動指針法）だが、ラディカルなTAMはこれをハードロー、つまり法的拘束力のある法律へと格上げし、「任意」という単語を削除して「テニュア・ガイドライン（Tenure Guidelines、TGs）」[*]という名称に変更することを要求している。

この任意ガイドラインは、TAMと加盟団体がローカル、全国、あるいは国際レベルでキャンペーンを実施するうえで、制度的根拠として活用できる可能性がある。ただし、このガイドラインは、水源や土地の囲い込み行為が厳しく批判されているコカ・コーラなどの企業にも、同様の制度的保障をもたらす可能性の余地を残している（Coca-Cola 2013; Franco et al. 2013）。

---

[*] テニュアは一般に「所有権」を意味するが、土地が国有あるいは自治体などに所有されている場合は利用権を意味するため、「所有権」とは訳せない。また、森林資源へのアクセス権をも含む概念となっている。

いずれにせよ、ガイドラインが実際の現場でどのように機能し、CSO がこれをどのように活用し、結果としてどのような成果をもたらすことができるか否かは、各政府と非政府アクターの勢力バランスによって大きく左右されるだろう。現在、二国間あるいは多国間援助機関は、このガイドラインが世界各地で履行されるように支援を強化している。TAM どうしが資金をめぐって競い合うなかで、私たちは「誰が、どのように、どの程度、何のために、何を獲得するか」に着目する必要がある[*]。

なお「テニュア・ガイドライン」については、利害関係者がガイドラインの運用や活用のあり方をめぐって争ったり、複数のアクターが「自由意志による、事前の、十分な情報にもとづく合意（FPIC）」などの関連する枠組みを引き合いに出して激しく論争していることから、今後も議論が続くと予測される[1]。

IFAD 農民フォーラム

国連の専門機関である国際農業開発基金（International Fund for Agricultural Development: IFAD）は、農村の貧困削減と食料安全保障を目標としており、このテーマに関連する多様なプロジェクトを実施している。なお、IFAD を保守的な TAM である IFAP と混同しないよう、留意しなければならない。

IFAD の活動には二つの役割があり、一つは援助あるいは融資機関としての活動（通常は加盟国政府や地域開発銀行との協調融資を地域プロジェクトに手配する支援を行う）、もう一つは貧困削減と食料安全保障に関する政策提言を行う組織としての活動である。農村貧困に重点を起き、融資とアドボカシー活動を行う IFAD は、TAM の関係者にとって重要な相談相手である。

IFAD の活動は FAO よりも規模が小さいが、そのプログラムは多岐にわたる。IFAD の公式文書では、「農村部の貧困人口とともに革新的なプロジェクトを開発し、試験運用を行う『インキュベーター』としての役割」が強調されている（IFAD 2006b: 7）。IFAD が発表した2002〜2006年の戦略構想によると、IFAD の第1の「目標は、農村の貧困者とそれらの人びとによる組織の能力強化（農村貧困削減に関する制度、政策、法律、規制に影響を及ぼすための能力を含

---

[*]「誰が、どのように、どの程度、何のために、何を獲得するか（Who gets what, how and how much, and for what purpose）」とは、ヘンリー・バーンスタインが提唱した、農をめぐる政治経済学の中核を占める問いである。「ヘンリーの四つの問い」と呼ばれている。

む)」である (IFAD 2005: 8)。

　IFAD は「最も進歩的な多国間組織」(IFAD 2005: 12) としての組織の自己イメージを打ち出しており、IFAD の文書には、「柔軟」、「協力的」、「インクルーシブ」、「多元的共存主義」、「革新的」といった特徴が強調されている。これは他のより規模の大きな国連機構とは対照を成すものである。実際に IFAD は小農や小規模農家の考えに耳を傾けており、少なくともこの点において、稀有な取り組みを行っている組織である。

　また、IFAD は、農地改革など政治的に障壁の多い政策を大半の政府が敬遠する際にも、あえて発言を行ってきた。IFAD は、FAO と世界食糧計画 (WFP) とともに CFS の事務局を務めており、CFS で決定する政策の実行機関の一つとして役割を果たしている。ただし、他の多国間組織と比べると、IFAD の政治的影響力はあまり大きいとはいえない (Hopkins *et al.* 2006; Kay 2006)。

　2006年以来、IFAD は毎2年次の IFAD ガバナンス委員会 (IFAD Governing Council) の会合と同時に、「農民フォーラム」を開催してきた。農民フォーラムの構想は、2004年に西アフリカの ROPPA によって提案されたものである。この提案に、その他の TAM、たとえばビア・カンペシーナ、IFAP、漁撈者および漁業労働者のための世界フォーラム (World Forum of Fish Harvesters and Fishworkers: WFF)、漁民のための世界フォーラム (World Forum of Fisher Peoples: WFFP) などは、すぐさま賛同した。農民フォーラムは単に2年おきに人を集めるだけでなく、各国レベルからサブリージョン、そしてリージョンレベルへとつながる持続的なボトムアップの協議プロセスをつくることを目指している。また、このプロセスを通じて様々なレベルで農民運動の意見を反映し、IFAD のガバナンス委員会 (Governing Council) のアカウンタビリティ能力を示す機能を果たすことを目指している。

　農民フォーラムには、いくつかの特筆すべき側面がある。

　第1に、このフォーラムは小農や農民組織と協力し、共同で計画立案する機会を増やすという IFAD の姿勢を反映するものである。以前の IFAD は、各国政府や多国間組織としか仕事をしてこなかった。その意味で、このような農民との協働プロセスは重要な転換を示している。

　第2に、このフォーラムでは、ビア・カンペシーナと IFAP のようにまったく異なる方針を持つ TAM どうしが、(最低限のレベルであれ) 合意形成を行い、他の多様な組織とともに共同声明や提言を発表している点である。これは前代

未聞の出来事である。

　第3に、ビア・カンペシーナのように著名な TAM もまた、多様な支持者層や政治的立場を代表する小規模で新しく知名度の低い運動組織と対等な立場で、フォーラムの運営委員会に参加しなければならなかった点が挙げられる。2014年のフォーラム運営委員会のメンバーには、ビア・カンペシーナと ROPPA に加え、持続可能な農村開発のためのアジア農民協会（Asian Farmers Association for Sustainable Rural Development: AFA）、南米共同市場（メルコスール）家族農家調整組織（Coordination of Family Farms of MERCOSUR: COPROFAM）、汎アフリカ農民組織（Pan-African Farmers' Organization: PAFO）[2]、そして WFF と WFFP の二つの漁撈者組織が含まれていた。

　第4に、IFAD が「制度的空間」という概念を完全に取り入れている点である。これは、多くの市民社会組織が要求し、この本でも扱ってきた枠組みである。さらに、IFAD は「既存の組織に敬意を示し、必要な場合には新しい場をつくること」についても言及している（IFAD 2008: 2）。

国連人権理事会

　「小農の権利に関する国連宣言（条約）」の夢が姿を現したのはインドネシアであり、1998年のスハルト独裁体制崩壊後に生じた動乱が相次ぐ「改革の時代」のことであった。

　インドネシアの農民組織は、1990年代の初頭から2001年までの歳月をかけて、農民の権利に関する独自の長い宣言文を書き上げた。そこには土地と自然資源に関する権利や、自由な表現と組織活動に関する権利といった項目が含まれていた（Bachriadi 2010; Claeys 2013; Edelman 2014; Edelman and James 2011; Lucas and Warren 2003）。

　ビア・カンペシーナのアジア支部は、小農の権利に関する国際宣言の草稿を書くうえで、このインドネシアの宣言文を下敷きにした（Vía Campesina 2002）。2001年にブラジルで開催された世界社会フォーラムで、インドネシアの小農やアクティビストとジュネーヴを拠点とする NGO の CETIM が出会ったことは、ビア・カンペシーナが新しい国際ガバナンス空間への参入の道を手にするきっかけを提供した[3]。同年、CETIM の支援を得たビア・カンペシーナは、インドネシアのリーダーであるヘンリー・サラギを国連人権委員会での演説に派遣する。同委員会は現在の国連人権理事会（Human Rights Council）の前身機

関であり、当時「開発への権利（right to development）」に関する議論が行われていた。そこで、サラギは「小農の権利に関する条約（peasants' rights convention）」の策定を支持する宣言文を発表した（CETIM, WFDY, and Via Campesina 2001）。その後もサラギはほぼ毎年、様々な地域のビア・カンペシーナのアクティビストを引き連れて、ジュネーヴに赴き、国連でのロビー活動を続けてきた。

　何年もの間、ビア・カンペシーナのジュネーヴでのロビー活動はわずかな成果しか生まなかった。国連が「先住民族の権利に関する宣言（UNDRIP）」を採択し、世界的に食料危機が悪化した1年後の2008年、ビア・カンペシーナはNGOや研究者の協力のもと、「小農の権利に関する宣言」が既存の国際法や制度に見合うように宣言文案の書き直しを行った（Vía Campesina 2009）。新しい草稿には、依然としてラディカルな要求が含まれていた。たとえば種子問題、市場（マーケット）、そして小農の「テリトリー」への外部からの介入を「拒否する権利（right to reject）」と彼らが呼ぶものに関する要求が盛り込まれた。

　2010年以降、国連人権理事会におけるプロセスは急速に進展した。理事会の諮問委員会は長引く食料危機に対応すべく、「食への権利の文脈における差別（discrimination in the context of the right to food）」に関する予備調査報告書を提出し、付録としてビア・カンペシーナの「小農の権利に関する宣言」の全文を掲載したのである。

　2012年、諮問委員会は『小農と農村地域で働く人びとの権利向上に関する最終報告書』を提出した。報告書の付録には、ビア・カンペシーナの草稿に酷似する、国連人権理事会独自の「小農の権利に関する宣言」が掲載された（UNHRC Advisory Committee 2012）。

　同年、理事会は宣言文の最終版の作成を目的とした無期限の専門作業部会（Open-Ended Working Group: OEWG）の設立を決定した。OEWGは2013年と2015年に会合を開いたが、南北の国々の間での対立が表面化した。米国とEU諸国は、主に手続きと予算の観点から宣言文作成に反対したが、多くの途上国は熱狂的にこの宣言策定を支えた。

　国連人権理事会内の勢力バランスから推測すると、国連はおそらくいずれ「小農と農村で働く人びとの人権」を擁護する宣言を採択するであろう。最終的に宣言はニューヨークの国連総会にて承認されなければならないが、宣言は世界の農村で顕著な人権侵害に人びとの関心を集めるうえで、確実に役に立つものになるであろう。

しかし、本書の執筆時点で、複数の重要な問いに対する答えは依然として得られていない。たとえば宣言文は、農民運動の生命線である土地や水、種子への権利、十分な収入と生計、そして食の主権を保障するものになるだろうか。初期の草稿作成に貢献した世界各地の小農アクティビストは、完成した宣言文を自分のものだと（オーナーシップを）感じ続けるだろうか。

この宣言には、ビア・カンペシーナ以外にも、カトリックFIMARCネットワークをはじめとするTAMが、国連人権理事会で繰り返し支持を表明してきた。さらに近年では、農村労働者の国際組織（IUF）、漁民のための世界フォーラム（WFFP）、遊牧先住民のための世界アライアンス（WAMIP）が宣言を支持する市民社会の輪に加わった。このように様々な種類の社会集団を包摂し、それらの集団と小農の要求に折り合いをつけることは困難に思えるかもしれない。特に、小規模農家と彼らに労働力を提供する農村労働者、移動牧畜民と定住農民の間には（主にアフリカで）多くの摩擦が存在する。

最後の点として、法的拘束力のないソフトローであるこの宣言は、小農の権利を擁護するうえで実効力を持てるか、という問いが指摘できる。この問いについて考えるうえで、先住民族の権利宣言の経験には大いに励まされる。この国連宣言に示された関連する国際規範は、すでに多くの国の法律に組み込まれており、先住民族の人権を擁護する人びとが現実に活用できる法的根拠（ツール）となっている。

ただし、「小農の権利宣言」を支持しない人びとの指摘によると、「小農」は「先住民族」よりも格段に多様性に富む主体を含む枠組みであるため、権利保有者の特定が困難であり、これにより多くの論争を生む可能性があるという。ビア・カンペシーナとその同盟者は、これらのあらゆる反対意見を乗り越え、国連での「小農の権利宣言」の採決を目指すため、国際ガバナンス機関や政府との関わり方を見直し、活動のレパートリーを広げなければならなかった。これは、本書の議論において特に重要なポイントである。

ビア・カンペシーナの国際ガバナンス機関や政府との関わり方は、相手によって大きく異なっていた。たとえばCFSやIFADとの関わり方は、機構の内部に加わり、内側から働きかけるものであった。他方、WTOに対しては外部からの抗議活動が行われた。そして、「開発のための農業知識科学技術国際評価（International Assessment of Agricultural Knowledge, Science and Technology for Development: IAASTD）」に対しては交渉が行われた。なお、IAASTDは、複数

の多国間組織による研究プロジェクトだが、結果として（驚くべきことに）工業的農業生産を強く批判し、アグロエコロジーを支持する内容のレポートとなった（IAASTD 2009; Scoones 2009）。

同盟者

　複数の政府間機関（あるいは政府間機関内部の個人や集団）は、TAM と TAM の加盟組織にとって重要な同盟者となった。政府間機関は、TAM や加盟団体に後方支援を提供したり、農民運動の政治的影響力を国家や地域の範囲の外まで拡大する役割を果たした。

　しかし、「アライアンス（同盟関係）」という言葉の意味は、各 TAM のイデオロギーや様々な要素が関係し、TAM によって大きくとらえ方が異なっている。ビア・カンペシーナと IPC は、政府間機関のレベルにはあまり多くの同盟者を持たない。ただし、政府間機関内部に影響力を持つ人のなかには様々な理由から、ビア・カンペシーナや IPC の国際的な制度的空間における代表権を支持する者や、さらにはこれらの組織目標の達成に向けた支援を行う者もいる。たとえば、FAO ローマ本部の重要なポジションに就く数名（特に農民運動とのパートナーシップや自然資源部門の担当者）は、長年ビア・カンペシーナと IPC の立場を支持し続けている。

　ビア・カンペシーナや IPC と FAO のアライアンスは1996年の世界食料サミットに向けた準備の際に始まったものである。困難をきわめ続ける WTO 交渉、ICARRD の農地改革プロセス、そして近年では CFS を通じて、この協力関係は継続している。ビア・カンペシーナと IPC にとって、FAO は過去も現在も最も重要な制度的空間であり、同盟者でもある。

　2013年にブラジルの研究者ホセ・グラジアーノ・ダ・シルバ（José Graziano da Silva）が FAO の事務局長に就任した際に、FAO とビア・カンペシーナは共同声明を発表し、両者のアライアンスを公式化した。これにより、両者の関係はさらに強固なものとなった[4]。「ビア・カンペシーナとの交流は重要である」と事務局長は宣言した。

　　（ビア・カンペシーナと協力することは）FAO が世界中の2億人以上の農民を代表する運動と提携することを意味するからである。また、「食への権

利」をすべての人に行き渡らせるために、各地の最前線で数々の革新的な取り組みを行うネットワークと力を合わせることにもつながるためである。常々述べていることだが、他の組織と一緒に仕事をするうえで、すべての項目に同意することよりも、同じ目標を持つことの方が重要である。そして、私たちは飢餓を解決するうえで、小規模農民が重要な役割を果たすと確信する。

これに対し、ビア・カンペシーナの統括コーディネーターであるエルザベス・ンポフ（Elizabeth Mpofu）は以下のように応答した。

ここまでの道のりはとても長く、今日この場に来ることができてとても嬉しい。ビア・カンペシーナは、食の主権とアグロエコロジーに基づいた小規模な農業生産を擁護する。本日開始される協働は、多くの分野に変化をもたらすだろう。FAOは、今後あらゆるレベルの政治協議プロセスにビア・カンペシーナが実質的に参加できるよう支援を行うとのことである。また、持続可能性に向けたローカルなイニシアティブ、プロジェクト、緊急介入を計画するうえで、不可欠な対話を活性化させるだろう。このパートナーシップの土台となるのは、知識の共有、対話、政策立案や規範形成における協力である[5]。また、ビア・カンペシーナとFAOは、両者が関心を持つ様々な課題（土地、種子、小規模農家によるアグロエコロジー的実践）について協議を行う予定である（FAO 2013）。

ほかの政府間機関の内部にも、ビア・カンペシーナの重要な同盟者は存在する。国連人権理事会では、その活動に共鳴するボリビア、エクアドル、キューバ、ベネズエラ、南アフリカなど複数の参加国がビア・カンペシーナを支持している。

また、国連人権理事会は個別の専門分野への「特別措置」として、「食への権利に関する特別報告官（special rapporteur on the right to food）」を設けた。この報告官に任命された最初の二人は、ジャン・ジグレール（Jean Ziegler、2000～2008年）とオリビエ・ド・シュテール（Olivier de Schutter、2008～2014年）である。ジグレールは特別報告官の任期を終えた後に国連人権理事会の諮問委員を務め、ビア・カンペシーナの「小農の権利宣言文」が「草の根運動による提案」から

「国連の公式文書の付録」になるまでの道のりを導くうえで尽力した。同様にド・シュテールもビア・カンペシーナの公然なる支持者である。ド・シュテールはこの運動のアクティビストと頻繁に対話し、アグロエコロジー、バイオ燃料、ジェンダー公正、大規模土地収奪に関する視点に協調する見地から、数多くの報告書を発表してきた。

また、小農、小規模農家、土地なし農民による運動は、バチカンともアライアンスを構築し始めている。カトリック教会の上層部と、イタリアやスペイン、中南米といった地域の農村部の保守的エリート層との歴史的な結びつきを考慮すると、これは驚くべき展開である。

2013年に教皇庁社会科学アカデミー（Pontifical Academy of Social Sciences）と新しく就任したローマ教皇フランシスコ（Jorge Mario Bergoglio、ホルヘ・マリオ・ベルゴッリオ）の後援で、「社会的疎外者の出現（The Emergence of the Socially Excluded）」というセミナーが開催された。これには、MSTのアクティビストであるジョアン・ペドロ・ステジレ、「社会的に排除された労働者」組織のリーダーであるアルジェンティーン・ファン・グラボワ（Argentine Juan Grabois）が参加した。「社会的に排除された労働者」には、ダンボールリサイクル業者や、2001年の経済危機後に廃棄されたのちに「再興された」工場で働く労働者が含まれている（Oliveira 2013）。

この1年後、バチカンは3日間にわたる「民衆運動世界会議（World Meeting of Popular Movements）」を開催し、これには数十もの小農、小規模農家、土地なし農民運動の関連組織が参加した。それらの多くはビア・カンペシーナやROPPA、あるいは労働組合、進歩的NGO、漁撈組織、スラム居住者組織、先住民族組織の加盟組織であった。

多くの組織が古くからのカトリック信仰国の出身であったにもかかわらず、カトリック系組織の参加は少数であった。実際、100を超える招待組織のなかには、インドのヒンドゥー教のKRRSや、アナルコ・サンディカリスト（anarcho-syndicalist、無政府組合主義）の世界工業労働者（Industrial Workers of the World: IWW）、さらにトルコ、ブルガリア、セネガル、中米、韓国、パレスチナ、その他多くの国々の小農組織が含まれていた（León 2014）。会合の表向きの目的は、主要な農民運動とカトリック教会の連携を強化することであった。しかし、この会議が社会運動とローマ教皇（当時、貧困層を支持する発言により保守的な上層部から疑惑の目でみられていた）の両者にとって、それぞれの立場の正

当化に役立ったという側面があったのも明白な事実である。

　IFAPやWFOのように規模の大きいTAMは、ビア・カンペシーナとはまったく異なる種類の同盟者を得ている。たとえば世銀、WTO、国際農業開発基金（IFAD）などがそうである。国際土地連合（ILC）は、これらの機関とWWFのように市場志向の傾向が強い国際金融機関やNGO、研究・アドボカシー団体によって構成された組織である。ILCはIFADや世銀と深い関係を持っており、世銀や欧州委員会から多大な支援を獲得している。このように、TAMの政治力学を理解する一つの方法は、そのTAMがどの政府間機関と協力しているか、あるいは対抗しているかを検討することである。

働きかけの対象と対抗相手

　いくつかのTAMにとって、特定の政府間機関は、公的に名指しして非難する対象となっている。それは、その政府間機関が農業労働者階級の利益に反する政策を推進しているためである。他のTAMにとって、同じ政府間機関が同盟者あるいは援助の提供元である場合もある。たとえばIFAPとWFOはこれまでWTOと良好な関係を持ち続けてきたが、ビア・カンペシーナとその加盟団体にとってWTOは最も厄介な「敵」である。

　ビア・カンペシーナにとって、キャンペーンの最も重要な対象は、「新自由主義」とそれを擁護する（たとえば世銀やIMFなどの）機関である。この運動がWTOの貿易政策に関して、あるいは世銀の農地改革政策に関して敵対的な立場をとるのはこのためである。

　ビア・カンペシーナは世銀に対し、基本的に「（問題を）さらして異議を唱えるキャンペーン」戦略にみられる対抗的な態度をとってきた。ただし、ビア・カンペシーナは1999年に一度だけ「世銀フォーラム」に参加したことがある（Vía Campesina 1999）。また、一部の加盟組織は、世銀に対してアカウンタビリティを求める試みを行ったこともある（Fox and Brown 1998; Scholte 2002）。

　たとえば、ブラジルの幅広い農村社会運動の連合体である「ブラジル農地改革全国フォーラム（National Forum for Agrarian Reform in Brazil）」は、世銀の監査委員会に対して、ブラジルの市場主導の農地改革について調査を行うよう二度にわたって請求を行っている（Fox 2003）。この請求は二度ともとり下げられたが、ブラジルの運動は強力な国際機関に対して透明性と市民に対するアカウンタビ

リティを求める切迫したメッセージを届けることができた（Fox 2003: xi）。

ビア・カンペシーナが過去に提携してきたFAOやIFADのような規模の大きな政府間機関は、それ自体が多様なアクターによって構成された、内部対立の多い空間であることは強調されるべき点である。国際機関の内部だけでなく、異なる国際機関の間にも、対立は常に存在する。また、国際機関内部に存在する社会運動の同盟者は、社会運動の活動を支援した結果、自らの立場を政治的に危うくすることもある。

政府間機関の内部あるいは政府間機関どうしの対立や分裂は、ラディカルなTAMが組織内部の支持者とアライアンスを結ぶための「入口」と政治的機会を生み出している。匿名のFAO役員は2005年（前述のFAOとビア・カンペシーナのパートナーシップが組まれた2013年よりも8年前）のインタビューで以下のように述べている。

> FAO内で、（ビア・カンペシーナは）農地改革を強く支持する重要でよく組織化された組織としてみられている。ただし、FAOのなかには、「強力な」圧力団体であるビア・カンペシーナと関わりを持つことを望まない部局が存在することも事実である。しかし、もし（ビア・カンペシーナと）FAOとの「パートナーシップ」が、許容可能な共通目的のもとに提案された場合には、両者が協力関係を構築する余地はまだ存在するだろう。率直に述べると、（ビア・カンペシーナは）農地改革のためのロビー活動のアクティビストというよりは、世銀に反対するためのアクティビストであるとの印象を受ける。しかし、組織的な理由から、私たちは姉妹組織を強く批判することができない。そして（ビア・カンペシーナによる世銀への）批判が強いほど、ビア・カンペシーナとFAOの間にはより少ない「選択肢」しか残らないだろう（Rosset and Martínez-Torres, 2005: Appendix, p.5）。

分裂と対立、TAMと国際機関の関係

開発実務者と研究者は、改革がスムーズに進行しないのは、組織内あるいは組織間の役人どうしが「一貫性」に欠けるからと想定することが多い。実際に、これが妥当である場合もある。しかし、政策立案者や組織間の分裂や対立関係は、アライアンスをさらに強固にしたり、新たな改革を生み出す場合もある。

これが強力な政府間機関どうしの間で発生する場合、保守的な内容の合意形成に落ち着くことが多い。しかし、組織どうしの関係において、コンセンサスや「一貫性」が欠ける場合、新しい可能性が生まれる余地が存在する。

　ラディカルなTAMは、組織間の分裂を利用するにあたって、複雑な戦略をとる。たとえば対抗相手に対しては「名指しして恥ずかしい思いをさせる (naming and shaming)」一方で、味方に対しては互恵関係を強化するための協働を行う。ビア・カンペシーナとIPCは、政府間機関に対して攻撃的な「さらして異議を唱える」アプローチと交渉、そして「批判的コラボレーション」*⁾ 戦略を巧みに組み合わせてきた。

　「批判的コラボレーション」は、外部からの圧力や動員とを組み合わせた場合に最も効果を上げることが多い。ビア・カンペシーナは次のように述べる。「大きなインパクトを生むためには、世界的規模で連携アクションや動員を行わねばならない。ビア・カンペシーナにとって動員は今でも最も重要な戦略である」(LVC 2004: 48)。

　IPCやAPCも同様に、動員を抗議活動の中心に据えているが、IFAPやWFO、ILCのように大規模農家が結成するTAMは、政府間機関とパートナーシップを組み、内側から働きかけるアプローチを好む。ラディカルなTAM（ビア・カンペシーナ、IPCなど）と大規模農家によるTAM（IFAP、WFO、ILCなど）は政府間機関と異なる形で関係性を結んでいるが、これは単なる組織間の「縄張り争い」ではなく、TAMの社会階級とイデオロギー的立場の違いを表すものである。

　TAMの「相手と協力しつつも外部から圧力を与え続ける」戦略の威力を検証するために、この戦略を採用したキャンペーンと、政府間機関の内側のみで実施したキャンペーンを比較する。これまでビア・カンペシーナは政府間機関から与えられる特権的領域を維持するために、内と外の両方に働きかけるアプ

＊）本書の著者マーク・エデルマンによると、「批判的コラボレーション (critical collaboration)」とは、権力機構が闘争的な市民組織の要求（市民組織の声がしっかりと聞き届けられるような協議フォーラムの開催、政策形成への参加、その他市民組織の目的を達成するために有利な権限が与えられること）を受け入れる場合において、市民組織が権力機構とコラボレーションを行い、またそうした機構の内部で働きかけを行うという政治的スタンスを指す。その際、市民社会組織は、機構の外部からも圧力をかけ続けるために、熱意と関心を持って動員を行う。「条件付きのコラボレーション (conditional collaboration)」と表現してもよいかもしれないとのことである。

ローチを多くとってきた。ビア・カンペシーナは、政府間機関の内側で関係者とのつながりを保持しつつ、外から圧力をかけたり、動員を行ったりするための独立性を維持してきた。このような双方向のアプローチは、内あるいは外のいずれか片方から政府間機関に働きかけるよりも、大きな成果が得られることがある。

2006年にFAOの後援によりブラジルで開催された「農地改革と農村開発に関する国際会議（ICARRD）」では、IPC、ビア・カンペシーナ、それらのブラジルの支持者は、公式会議と同時に、その外で「土地、テリトリーと尊厳（Land, Territory and Dignity）フォーラム」を開催した。公式会議のなかでは、FAO内部における市民社会のより恒常的なプレゼンスを確保することと、貧困層のために農地、漁業領域、放牧地、森林地帯に関するより抜本的な改革を要求した。ICAARDの最終報告書で、IPCとビア・カンペシーナによる多くの要求が承認されたこと、そしてFAOへの市民社会参加の制度化に向けた流れが形成されたことは、「内と外」アプローチが一定レベルの成功をもたらしたことを示している（ICARRD 2006）。

2009年のCFSの改革により、以前より幅広い市民社会の参加が可能になってからは、IPC、ビア・カンペシーナ、その他の運動は外側から圧力をかけるよりも、CFSの新しい「市民社会メカニズム」の内部で活動を行うことを選択した。前述したCFSの「土地、漁業および森林の権利ガイドライン（FGGVT）」の承認は、農民運動の勝利と呼べる成果である。

しかし、その後の土地収奪を統制するための「責任ある農業投資（RAI）に関する指針」の承認は、農民を大いに失望させた。RAIは、CFSの「民間セクターメカニズム」に参加するアグリビジネスやその他の企業の意見を多く反映するものであった。RAI承認プロセスにおいて、市民社会メカニズムと民間セクターメカニズムは両者とも「ステークホルダー」として認識されたが、これまでのような外部からの圧力が不在のなか、後者は前者よりも多くの意向をRAIに反映させることに成功したのである。

結論

制度的空間の形成はゼロサムゲームではなく、むしろ加算的なプロセスである。より多くの市民社会アクターが政府間機関の内部に足場を形成することで、

他の新しい集団の参入が促進される。これはグローバルな政策立案プロセスの拡大、発展、民主化につながるものである。ただし、国際開発政策が形成される場は、けっして政治的に中立的な場ではない。それは、国家、階級、職業、イデオロギー、セクター、企業ごとに異なるアジェンダを掲げ、対立し合う利害関係を有するアクターが占拠し、影響を及ぼす場である。

　これらの制度的空間にビア・カンペシーナとIPCが参入して以来、制度的空間はTAMを構成する運動どうし、そして市民社会の農民セクターと非農民セクターどうしが出会う場となった。制度的空間内部で生じる対立関係は、さまざまなTAMやネットワークの背景にある社会階級、社会基盤、イデオロギー、政治理念、そして組織の構成員に起因している。制度的空間で関係を築くアクターどうしの政治的な勢力バランスは均等ではない。特に、民間セクターが市民社会と同等の参加権限を与えられた場合、さらには民間セクターが市民社会の一部として参加する場合には注意が必要である。社会運動にとって最も重要な課題は、制度的空間の内側で活動を行うと同時に、その外側からも圧力を加えるために必要不可欠な自律性を保ち続けることである。

第7章
これからの挑戦

　1980年代に誕生し、1990年代に運動として統合された国境を越える農民運動（TAM）は、現在に至るまでに驚くべき発展を遂げた。本書では、TAMの成功の数々と、それがもたらした影響について分析を試みた。TAMの最も重要な貢献は、TAMが国民国家、言語、人種、エスニシティ、宗教、世代、ジェンダーを越えて、世界の様々な地域の農村貧困層のなかでも最も周縁化あるいは抑圧された人びとどうしを結びつけたことにある。

　またTAMは、共通の目的のもとに、階級やセクターを越えたアライアンスを形成した。なかでも、今日最大規模の国境を越える社会運動となったビア・カンペシーナや、食の主権のための国際計画委員会（IPC）の例が挙げられる（第3、4章参照）。

　これらのラディカルなTAMの功績により、以前は小農や小規模農家の声がいっさい届かなかった国際ガバナンスに関わる機関に、彼らの声を届けるための仕組みが形成された。この点について、第6章では、国連食料安全保障委員会（CFS）、IFAD農民フォーラム、国連人権理事会におけるTAMのプレゼンスについて分析を行った。世銀やWTOなど、本質的に非民主的で柔軟性に欠け、小農の利益に敵対すると認識される機関に対し、TAMはたびたび抵抗してきた。

　TAMは1990年代以降、国際開発課題として農地改革を争点化し、世界の複数地域で農地再配分プログラムを再活性化させることにも成功した。さらに、遺伝子組み換え作物を推進する企業への抗議デモを組織し、世界各地で繰り広げられる土地収奪や水源争奪に対して警笛を鳴らした。また、アグロエコロジーに基づく生産モデルの普及に多大な貢献をもたらし、「農民から農民へ」の水平な農業技術指導や、小農大学などの新しい民衆教育モデルを形成した（第4章）。TAMは人びとが農業生産のために必要な種子を選別、育成、保存、

流通させる方法を学び、互いに教え合った。

　これらすべてのプロセスは、大規模で現在も成長を続ける勢力を強化してきた。その勢力とは、洗練され、多くの場合コスモポリタン志向で、「ミスチカ」と呼ばれる集合的な体験を重視する小農アクティビストによって構成されている。多くの全国規模およびローカルレベルの運動にとって、TAMとの連携は組織を統合するうえで役に立った。また、人権が恒常的に侵され、小農の闘いが非合法化される地域では、TAMとの連携は運動のリーダーや加盟組織を弾圧から守る役割を果たした。TAMは、農民および農業関連以外の社会運動が農をめぐる諸課題、たとえばフード・ジャスティス、ジェンダー、人権、クライメート・ジャスティス（気候変動をめぐる不正義の問題）に取り組むよう強力な働きかけを行った。

　これらの目を見張るような成果に囚われることで、TAMが直面する、本書でたびたび取り上げてきた現実や手強い課題を見過ごしてはならない。以下に、TAMの抱える課題を数点にまとめて示す。なお、これらの課題のいくつかは、組織の「内」と「外」で行われる政治行為（広い意味での「動員」と「従来型の政治」）の繊細なるバランスに関わるものである（第6章参照）。

　成功する社会運動（自由民主主義体制下で成功を収めた運動を含む）は、運動が政党と手を組むことで目標を達成しやすくなると判断した場合に動員を解くことがある。農地獲得を目的とした動員は、その典型である。小農リーダーのなかには、草の根組織のリーダーでありながら国会議員を務める者もいる。このような草の根リーダーと政治職の兼任は、公には民主主義的な体裁をとりながら権威主義体制を敷く国（たとえばホンジュラス）でも起こる。ただし、このような場合には、動員の解除は行われない。草の根の活動と政府内部の活動は、ときとして好ましい相乗効果をもたらすこともある。しかし、異なる闘いの間のバランスをいかにしてとるのかといった課題を避けて通ることはできない。たとえば、これらのリーダーが持ち合わせる政治的資源（political resources）を社会運動の構築と動員活動に充てるか、それとも政府内部での活動に充てるかなどのバランスである。あるいは、いかにして国家内部の協力者との関係を保ちつつ、草の根運動の代表者としての立場を守り続けるか。このように、政府と社会運動のアライアンスは常に論争が付きまとう。政権が社会運動を背景に持ち、社会運動を支持すると公言している場合（たとえばエボ・モラレス（Evo Morales）政権下のボリビア）でも、政府と進歩的な小農、先住民族、環境団体

の間で頻繁に対立が生じている。

「TAM」と「TAMに密接に関与するNGO」にも同様の問題が存在する。序章と第6章で示したように、TAMを含む社会運動とNGOとの境界線は、当事者が想い描く以上に曖昧である。さらに、よく用いられる「市民社会」や「ステークホルダー」といった枠組みは、両者の間の線引きを難しくしている。

ビア・カンペシーナをはじめとするラディカルなTAMは、NGOに対するTAMの自律性、当事者としての発言権、つまり他者によって自らのことを話されない（代表されない）権利を強く擁護してきた。しかし、ビア・カンペシーナのなかで重要なポジションにいるアクティビストには、「畑からやってきた者」だけでなく、ラディカルなNGO出身者も含まれる。また、ビア・カンペシーナの加盟組織のなかには、いまだに「知識人アクティビスト」を代表者に掲げる組織も存在する。これらの「知識人アクティビスト」の多くは、長らく「第3セクター」に身を置き、農業に暫定的にしか関わっていないか、最近になって農業を始めた人びとである。

組織の「官僚化」問題は、援助業界だけでなく社会運動にも影響をもたらした。その結果、中米のASOCODEのように、TAMの衰退につながることもあった（第5章参照）。しかし、結局のところ、社会運動が組織的な業務をこなしたり、動員やデモの影響の範囲を拡大するには、他の非国家アクターとのアライアンスは不可欠である。かつてと異なり、現代の農民および農場関係の社会運動の日常において、政党の存在感はおおむね消失しており、代わってNGOがこの役割を果たすようになっている。これまでTAMとNGOの関係は相乗効果を生んできたが、同時に緊張も多く内包してきた。これは今後も続くであろう。

社会運動とNGOは政治上の戦略において互いの存在を必要としているが、両者の間には対立点も多い。両者の関係は、資金的な課題と深く結びついている。研究者やTAMアクティビストは、国際セミナーやデモストレーション、その他の社会運動に関わる活動の資金提供者が誰か、といったセンシティブな問題を敬遠することが多い。本書ではTAMのすう勢について、資金不足が原因で崩壊した事例（IFAP）と、資金過剰が原因で衰退した事例（ASOCODE）の両方を紹介した。このような事例の数々から、いくつか学べることがある。

たとえば、ニーズや目的、組織的能力、外部資金のバランスをとることが重要であり、また突然支援金が削減されても組織を維持できるように、提供元を

複数に分散させることも必要である。また、ヨーロッパの援助機関に生じつつある制度変更が、今後 TAM の資金獲得を困難にする可能性についても指摘した。各組織に対して包括的に運営資金を支援するといった従来の手法が、プロジェクトベースの助成金や入札方式へと変更されつつある。これに伴って、TAM やその構成組織は、組織内部の運営のあり方を変更し、場合によっては国際レベルの活動や過度に政治的な活動、また大衆動員活動を減らす必要に迫られる可能性に直面すると思われる。

　国境を越える社会運動に関する分析は、「国際レベルの運動は国内での運動よりも強力で、一度運動の規模が国境を越えると後戻りすることはない」という、暗黙のうちに共有される目的論によって行き詰まることがある。歴史を振り返ると、このような一方向に固定化された前提の根拠は薄弱であることがわかる。全国規模の農民組織は、TAM を去ることもあれば、TAM からの脱退を要請されたり圧力をかけられたりすることもあり、また TAM に留まっても故意に周縁的立場に置かれ続けることもある。この背景には様々な要因が存在する。

　ビア・カンペシーナの場合、イデオロギーの不一致（たとえばニカラグアの UNAG とポーランドのソリダルノシチ（Solidarnosc）など）、国際レベルの業務よりも国内レベルの業務を優先させる必要性（コスタリカのウパナショナル（UPANACIONAL）など）、内部分裂（ホンジュラスの COCOCH など）といった理由により、全国規模の運動がビア・カンペシーナを去っている。脱退に至らずとも、TAM 内の組織間のアライアンスが脆くなることがあり、TAM の組織を維持し続けるには常に困難が付きまとう。

　多くの TAM は、多様なアイデンティティの人びとを包摂するカテゴリー（たとえば「大地の民」）を用いることで、階級を越えた、あるいは複数の階級をまたいだネットワークを形成している。このような手法により、TAM は異なるセクターに属する人びとをまとめることを可能にするが、結果としてセクター間の差異や対立関係を覆い隠してしまうこともある。これは、初期に TAM に加入した団体が同じ地域の他団体の参加を妨げるといった「門番役」問題とも結びついている（第2、4章）。また、TAM に加盟する脆弱な、あるいは「架空」の組織のせいで、TAM の参加者が自らの勢力規模を実際より大きく過信してしまったり、交渉相手や大衆からの信用を損なってしまうこともある。中国、ロシア、北アフリカのように TAM が存在感を持たない広大な地域

も存在し、地理上の TAM の影響範囲を制限している。海外の NGO や社会運動への支援を制限する国も増えており、TAM の可能性をさらに阻んでいる。

TAM が「内側から」働きかけようとする「国際政治空間」と、TAM を構成する組織の社会基盤が存在する「農村地域」の間には、地理的、文化的、言語的に巨大なギャップがある。TAM が提示する主張やビジョンと、TAM が代表する人びとの実際の営みとの隔たりを埋めることは、終わりのない挑戦である。

たとえば、ビア・カンペシーナとその同盟者は「食の主権」を推進しているが、ホンジュラスの草の根の関係者の中には、「食料安全保障」の方が彼らに適した概念だととらえる者もいる。また、TAM や全国レベルの加盟組織は遺伝子組み換え作物を批判しているが、草の根レベルに目を移すと、インドには Bt 綿を植えている者もいるし、ブラジル南部には遺伝子操作された大豆を植えている者もいる（第4章参照）。東南アジアをはじめとする地域では、活発なリージョナルレベルの TAM を構築するうえで、言語の壁が大きな阻害要因となっている。

全国およびローカルレベルの運動は、自らが加盟する TAM について継続的に情報提供を行い、メンバーが TAM に関与することに関心を高め、その参加を促す必要がある。また、全国組織とローカルの間でリーダーを行き来させ、輪番制にし、さらには新しい世代のアクティビストを育成しなくてはならない。小規模の畑を経営しながら国際活動に頻繁に参加するのは困難を極める作業であり、これと比較すると、都市部の専門家を悩ませる「マルチタスク（複合業務）」などは取るに足らないものにみえる。

人口遷移や農村社会構造の変化は、TAM が活動を行う社会的文脈に根深い影響を及ぼす。急速な都市化、農業人口の高齢化、若い世代が農地にアクセスするうえでの障壁、小規模農場の消滅といった変化（GRAIN 2014）は、農をめぐる社会運動の勢いを削ぐ可能性がある。ビア・カンペシーナなどの TAM は、地球温暖化対策として小規模農業生産が「地球を冷やす」ための重要な方策であると呼びかける。しかし実際には、気候変動による環境的変化は小農を脆弱な立場に追いやっており、小農のレジリエンス（対応力）を減少させている（Vía Campesina 2009）。たとえば2000年代初頭のブラジルのように、経済的好況が、闘争的な土地再配分運動の魅力を薄れさせることもある。農地回復（獲得）運動に参加してきた人びとが既存の居留地で政府からの援助を受け取るか、

占拠した土地でキャンプ生活を続けるよりも、街で快適な仕事をみつけることを望むためである。中米、コロンビア、シリア、フィリピン、サハラ以南アフリカなどで生じてきた内戦、ギャングによる暴力や経済危機は、先祖から受け継いだ土地で「声を上げて」闘うよりも、集団でその土地から「退出」する選択肢を小農に迫るかもしれない。

TAM のなかでもビア・カンペシーナや IPC などは、資本主義の根本的な諸課題に対してラディカルな立場をとり、「食の主権」などの包括的な代替案を提唱する。しかし、このような TAM は政府や非政府アクターにとって、政治的に最も人気を集める社会運動というわけでは必ずしもない。また、社会運動のなかでも、ラディカルな TAM は最も資金が乏しい運動として分類できる。

イデオロギー的に保守的で、政治的に中道の立場をとる国際ネットワークは、大量の資源を独占し続けてきた。これらのネットワークは、獲得した資源を使って、グローバル課題の解決が世銀や WTO との「ウィン=ウィン」のパートナーシップによって可能との言説を拡散させている。ビア・カンペシーナや IPC のようなラディカルな TAM にとって、おそらく最も困難な課題とは次のようなものである。すなわち、政治的立場を調整して、より幅広い国際戦略上のアライアンスを結び、より多くの後方支援を獲得すること。それと同時に、TAM としてのラディカルな方針を維持し、それを実践し続けることである。

最後に指摘しておきたい点がある。企業が保有する推進力と資源、そして国際ガバナンス機構の支援を受けてともに進める工業的農業生産モデルが、少なくとも、立ち向かう勇気を失わせるほどの威力を持っている点である。ビア・カンペシーナの支持者が「二つの農業生産モデルのぶつかり合い」(Martinez-Torres and Rosset 2010) と呼ぶもの——すなわち、「大規模の、化学物質を集約的に用いる、遺伝子的に単一的なモノカルチャー農業モデル」と、「小規模の、多様な作物によるアグロエコロジー生産モデル」——の間の勢力バランスは、きわめて非対称的である。もちろんすべての小農が環境保全に熱心なわけではないが、実際には多くがそうである。そして、小農は工業的農業システム（関連組織や資材）によって、あらゆる面で継続的な脅威にさらされている。たとえば、作物の遺伝子、土壌や水の汚染、土地からの追放、契約栽培を通した企業への隷属化、債権者や仲介者からの圧力、小農運動の非合法化などである。

近年、国際的な主流派の専門家でさえも、長期的観点から工業的農業生産モデルの持続不可能性にますます賛同するようになっており（IAASTD 2009）、食

品産業が消費者の命を奪い、多大な社会・環境コストを生み出していることに気づき始めている（Bittman 2014）。

　まさに、このように大きく迫る危機と矛盾の深刻度、そして人類のおよそ半分を代表するという農民組織の力と手腕こそが、TAM が提示する世界的な開発目標や社会正義の課題への卓越した解決策を推進する原動力となるだろう。

原註

[序章]
1) 「運動（movement）」、「連合（coalition）」、「ネットワーク（network）」という分類（Fox 2009）は有用だが、本書で取り上げる連携関係の多くは、これらすべての性格を兼ね備えているか、時間とともに一つのカテゴリーから別のカテゴリーへと変化するという実態がある。
2) たとえば、中米協力と開発のための小農連合（Asociación Centroamericana de Organizaciones Campesinas para la Cooperación y el Desarrollo: ASOCODE）でグアテマラ国の代表となるために、1992年に設立されたグアテマラの国内組織、グアテマラ中小生産者全国調整委員会（Coordinadora Nacional de Pequeños y Medianos Productores de Guatemala; CONAMPRO）（Edelman 1998）、第5章でとり上げるビア・カンペシーナと提携するために設立されたインドネシアのインドネシア農民組合（Serikat Petani Indonesia (Indonesian Farmers Union); SPI）、近年では国際的な漁業団体の運動と連携するために設立されたインドの組織（Sinha 2012）などがある。
3) ヴォン・ブーロウ (Von Bülow 2010) は重要な例外である。

[第1章]
1) ACWW と IFAP に関する記述の一部はエデルマン（Edelman 2003）、緑色インターナショナルに関する記述の一部はボラス他（Borras, Edelman and Kay 2008）の論文に基づく。
2) ケックとシッキンク（Keck and Sikkink 1998: 41）によると、奴隷解放運動は後の国際社会運動の重要な「先駆者」である。
3) 「クレスティンテルン（Krestintern）」はロシア語の「農民インターナショナル（Krest'yianskii Internatsional）」の2語をつなげた言葉である。また、以降の赤色・緑色インターナショナルに関する記述は、ボラス他（Borras, Edelman, and Kay 2008）に基づく。
4) 当時の共産党は、クーデターを都市と農村の資本家階級の対立という単純化した見方でとらえ、クーデターに対して中立的立場を宣言した（Bell 1977）。
5) ICA は1889年にフランス農業大臣ジュール・メリン（Jules Melin）によって結成された。ICA は世界における農業の技術的課題をテーマとし、定期的な国際会議の実施を目指していた（Jackson 1966）。
6) 2000年以降、ビア・カンペシーナをはじめとする農民運動はバベルス（Babels）（Boéri 2012）やコアティ（COATI）など、ボランティアで参加するプロの通訳によって大いに助けられている。

[第2章]
1) 2010年、COCOCH は深刻な内部分裂に苦しんだ。アレグリアは組織の中心的位置から周縁へと追いやられ、後に COCOCH はビア・カンペシーナの加盟組織から外されてし

まった。しかし、COCOCHのメンバー組織のうち、ANACHとCNTCはCOCOCHの代わりにビア・カンペシーナの加盟組織となった。詳しくは2篇の文献（Honduras Laboral 2010; Junta Directiva Nacional Auténtica del COCOCH 2010）を参照。
2）論争を巻き起こしたジンバブウェの農地改革については、スクーンズ（Scoones 2010）を参照。
3）アディヴァシとは先住民族であり、ダリットは「不可触民」とも呼ばれ、カーストの最下層に位置づけられた人びとである。
4）マーク・エデルマンによるATCの組織・財務書記長（Organizational and Finances Secretary）、ホセ・アダン・リヴェラ・カスティロ（José Adán Rivera Castillo）へのインタビューより（ニカラグア、マナグア州、1994年6月29日）。
5）パウロ・フレイレ財団は、もともとはオランダの農業高校の生徒に国際問題についての授業を提供するために1983年に創立され、後に世界各地の農民組織がヨーロッパの助成金を得るのを支援する組織となった。ブラジルの革新的な教育者であるパウロ・フレイレがPFSの存在を知ったのは1988年になってからのことであったが、彼は自分の名が組織名に冠されたことを喜んだと伝えられている。1997年、PFSはオランダの他の四つの組織とともに、アグリテラ（Agriterra）という新しいNGOを設立した。その後PFSの組織は解散したが、事務所と備品はアグリテラに引き継がれた（マーク・エデルマンによるケース・ブロクランドへのインタビュー、オランダ・アーンヘム市、1998年4月24日より）。
6）ミルス（Mills 2013）はこれと同じ理論的問いのもとに、カナダの事例を分析した。ブン（Bunn 2011）とハイド（Hyde 2014）は、北米や他の地域で若者が農業に参入する様々な方法について分析を行っている。
7）前述したメキシコ、ホンジュラス、南アフリカの複数の運動が該当する。

［第3章］
1）例外としては、デマレイ（Desmarais 2003）、エデルマン（Edelman 2003）、ボラスとフランコ（Borras and Franco 2009）などがある。
2）後にIFAPのヴァシーが記した自伝的な宣伝文によると、ヴァシーは2008年に会長を辞任していることがわかる。しかし、2009年になっても彼が、コペンハーゲン気候変動サミット（Vashee 2010）や世界のエリートが集まるダボス世界経済フォーラム（CNA 2009）などの国際フォーラムの場で、組織としての「IFAP」を代表し続けていたことは、皮肉な事実といえる。ヴァシーは2003年に南アフリカ農業組合連合（Southern African Confederation of Agricultural Unions; SACAU）の設立に助力し、会長職に就いている（International Conference 2010）。これは南アフリカ地域の大規模商業農家のネットワークで、2013年の時点で12か国から17の組織が参加していた（International Conference 2010; SACAU 2013）。
3）ただし、エデルマン（2003: 207）が指摘するように、ビア・カンペシーナは世銀とわずかながら対話の場を持ったことがある。ビア・カンペシーナ国際事務局コーディネーターのラファエル・アレグリアが、世銀の「生産者組織の強化フォーラム（Strengthening Producer Organizations）」で発言した際のことだ。なお、このフォーラムにはIFAPの代表者も参加していた。この歴史的事実は多くの人に忘れ去られており、ビア・カンペシー

原　註　161

ナによって提出された関連文書（Vía Campesina 1999）も、すでにビア・カンペシーナのウェブサイトから消去されている。
4）ILC の立場に関するより詳細な議論については、ボラス、フランコ、ワン（Borras, Franco and Wang 2013）を参照。
5）CONTAG に関する分析と、ブラジルの農民運動内での立ち位置については、ウェルチとサウアー（Welch and Sauer 2015）を参照。

［第4章］
1）マーク・エデルマンによるラファエル・アレグリアへのインタビュー、ホンジュラス、テグシガルパ州、2001年8月2日。
2）マーク・エデルマンによる LCM 指導者へのインタビュー、ジュネーヴ、2012年。

［第5章］
1）最低限の組織機能を維持するため、ビア・カンペシーナは次のような費用のかかる活動を行っている。（1）4年ごとの国際集会、（2）毎年2回の国際調整委員会の会議（世界各地から20人以上の代表者が集結）、（3）テーマ別委員会の定期会合、（4）その時々に世界各地で行われる会合、会議、アドボカシー・キャンペーン。
2）この箇所は、一部ボラス（Borras 2008b）にもとづく。
3）助成金受給者にとって、運営を継続するためには一般業務に対する財政支援が重要な意味を持つ場合がある。これは、1980年以降米国の保守的なフィランソロピー事業がもたらしたインパクトによく表れている。米国の保守財団は、強力な右派「シンクタンク」に多額の長期支援を提供した。一方、進歩的な財団は、小規模のプロジェクト・ベースの支援をパートナーに提供したが、前者と比べるに値するインパクトや、組織の経済的安定をもたらすことはできなかった（Covington 2005）。
4）二つのオランダの非政府系援助機関（Oxfam-Novib と ICCO）が含まれている。

［第6章］
1）この問題についてはボラス他（Borras, Franco and Wang 2013）を参照。FPIC に関する批判的な議論についてはフランコ（Franco 2014）を参照。
2）2010年に設立された PAFO は、方針がまったく異なる五つの地域グループを統合する組織である。PAFO の加盟者は、西アフリカ小農・農業生産者組織ネットワーク（ROPPA）、東アフリカ農民連盟（East African Farmers Federation; EAFF）、中央アフリカ小農組織地域プラットフォーム（Central Africa Sub-Regional Platform of Farmers' Organizations; PROPAC）、マグレブ農民連合（Maghreb Farmers Union; UMAGRI）、南アフリカ農業組合連合（SACAU）である。SACAU は WFO（前 IFAP）と協力関係にあり、大規模商業農家を代表する組織だが、ROPPA は主に小規模生産者による組織である。
3）マーク・エデルマンによるフロリアン・ロシャットへのインタビュー（CETIM、ジュネーヴ、2012年3月7日）。
4）ただし、FAO はほぼ同じ時期に、オックスファムや ActionAid といったラディカルとはいえない組織とも公的な協力関係を結んだ。
5）「規範形成活動（normative activities）」は、国際規範や法をつくる活動を意味する。オリ

ビエ・ド・シュテールは、「CFS は、(市民社会組織が) 政府や国際機関とならんで国際法の共同制作者となる、新しいタイプのグローバル・ガバナンスの出現を示している」と述べている（Wijeratna 2012: 5）。

組織の名称と略称

(*印が付いているものは定訳となっている。)

ACWW Associated Country Women of the World ― 加盟国における女性連合
AFASA African Farmers Association of South Africa ― 南アフリカにおけるアフリカ人農民連合
AFSA Australian Food Sovereignty Alliance ― オーストラリア食の主権アライアンス
AGMK Adivasi Gothra Mahasabha Kerala ― アディヴァシ・ゴスラ・マハサーバ・ケララ（インド）
AGRA Aliansi Gerakan Reforma Agraria (Alliance of Agrarian Reform Movements) ― 農業改革運動連合（インドネシア）
AgriSA Home of the South African Farmer ― 南アフリカ農民本部
ALPF All Lanka Peasants Front ― 全スリランカ農民戦線
AMIHAN National Federation of Peasant Women ― フィリピン全国小農女性連合
ANACH Asociación Nacional de Campesinos de Honduras (National Association of Peasants of Honduras) ― ホンジュラス全国農民組織
ANFS Arab Network for Food Sovereignty ― アラブ食の主権ネットワーク
ANGOC Asian NGO Coalition ― アジア NGO 連合
ANPF All Nepal Peasants Federation ― 全ネパール小農連盟
ANWA All Nepal Women's Association ― 全ネパール女性協会
APC Asian Peasant Coalition ― アジア農民連合
APM Alliance of People's Movement ― 民衆運動同盟（インド）
APMU Andhra Pradesh Matyakarula Union ― アンドラ・プラデシュ・マティヤカルラ組合（インド）
APMW Andhra Pradesh Migrants Workers Union ― アンドラ・プラデシュ移民労働組合（インド）
APTFPU A.P. Sampradaya Mastya Karula Union (Andra Pradesh Traditional Fisher People's Union) ― サムプラダヤ・マスティヤ・カルラ組合（アンドラ・プラデシュ伝統的漁業従事者組合）（インド）
APVVU Andhra Pradesh Vyavasaya Vruthidarula Union ― アンドラ・プラデシュ・ヴィヤヴァサヤ・ヴルティダルラ連合（インド）
ARWC Asian Rural Women's Coalition ― アジア農村女性連合
ASOCODE Asociación Centroamericana de Organizaciones Campesinas para la Cooperación y el Desarrollo (Central American Association of Peasant Organizations for Cooperation and Development) ― 中米協力と開発のための農民連合
ATC Asociación de Trabajadores del Campo (Rural Farmworkers' Association) ― ニカラグア農村

労働者協会
BAFLF Bangladesh Agricultural Farm Labor Federation — バングラデシュ農場労働者連合
BALU Bangladesh Agricultural Labour Union — バングラデシュ農業労働組合
BBS Bangladesh Bhumiheen Samity — バングラデシュ・ブミヒーン・サミティ
BKF Bangladesh Krishok Federation — バングラデシュ・クリショク連盟
BKS Bangladesh Kishani Sabha — バングラデシュ・キシャニ・サブハ
BKU Bharatiya Kisan Union (national, plus subnational branches) — バラティヤ・キサン組合（全国および地域支局）（インド）
CAOI Coordinadora Andina de Organizaciones Indígenas (Coordinator of Andean Indigenous Organizations) — アンデス先住民族組織調整委員会
CARP Comprehensive Agrarian Reform Program — フィリピン農業改革総合プログラム
CCODP Canadian Catholic Organization for Development and Peace — 開発と平和のためのカナダ・カトリック組織
CCP Chinese Communist Party — 中国共産党
CENESTA Centre for Sustainable Development and Environment — 持続可能な開発と環境センター（イラン）
CETIM Centre Europe-Tiers Monde, Europe-Third World Centre — ヨーロッパ＝第三世界センター（スイス）
CFA Canadian Federation of Agriculture — カナダ農業連盟
CFU Commercial Farmers' Union — 商業農家組合（ジンバブウェ）
CFS World Committee on Food Security and Nutrition — 世界食料安全保障委員会*
CIDA Canadian International Development Agency — カナダ国際開発庁
CILSS Comité Inter-États de Lutte contre la Sécheresse au Sahel (Inter-state Committee of Struggle against Drought in the Sahel) — サヘルにおける干ばつ対策のための国家間委員会
CLOC Coordinadora Latinoamericana de Organizaciones del Campo (Latin American Coordinator of Peasant Organizations) — 中南米農民組織調整委員会
CNA Confederação da Agricultura e Pecuária do Brasil (Agriculture and Livestock Confederation of Brazil) — ブラジル農業畜産連合
CNCR Conseil National de Concertation et de Coopération des Ruraux du Sénégal (National Council of Cooperation of Rural People of Senegal) — セネガル全国農民協議会
CNTC Central Nacional de Trabajadores del Campo (National Rural Workers Central) — ホンジュラス全国農民連合
COATI Colectivo para la Autogestión de Tecnologías para la Interpretación (Alternative Interpreting Technology Collective) — 代替通訳技術組合（スペイン）
COCOCH Consejo Coordinador de Organizaciones Campesinas de Honduras (Coordinating Council of Honduran Peasant Organizations) — ホンジュラス小農組織調整委員会
CONAMPRO Coordinadora Nacional de Pequeños y Medianos Productores de Guatemala (National Coordination of Small and Medium Producers of Guatemala) — グアテマラ中小生産者全国調整委員会
CONTAG Confederação Nacional dos Trabalhadores na Agricultura (National Confederation of Agricultural Workers) — ブラジル全国農業労働者同盟

COPA Committee of Professional Agricultural Organisations in the European Union ― ヨーロッパ連合プロフェッショナル農業組織委員会
COPROFAM Coordinadora de Organizaciones de Productores Familiares del Mercosur (Coordinator of Organizations of Family Producers of the Mercosur) ― メルコスール家族生産者組織調整委員会
CPE Coordination Paysanne Européenne (European Farmers Coordination) ― ヨーロッパ農民調整委員会
DKMP Demokratikong Kilusang Magbubukid ng Pilipinas (Democratic Peasant Movement of the Philippines) ― フィリピン民主主義の小農運動
ECMI Enlace Continental de Mujeres Indígenas (Continental Network of Indigenous Women) ― 先住民族女性大陸ネットワーク
ECOWAS Economic Community of West Africa ― 西アフリカ経済共同体
ECVC European Coordination Via Campesina ― ビア・カンペシーナ・ヨーロッパ調整委員会
ELAA Escola Latino Americana de Agroecologia (Latin American Agroecology School) ― 中南米アグロエコロジー学校（ブラジル）
ETC Group (Erosion, Technology and Concentration Group ― ETCグループ（環境・文化・人権の侵害、農業・ゲノムの新技術、企業集中に関する研究グループ）（カナダ）
FAD Foundation of Agricultural Development ― 農業開発財団（モンゴル）
FAO Food and Agriculture Organization of the United Nations ― 国際連合食糧農業機関*
FARC Fuerzas Armadas Revolucionarias de Colombia (Revolutionary Armed Forces of Colombia) ― コロンビア武装革命軍
FETRAF Federação dos Trabalhadores na Agricultura Familiar (Federation of Family Farmers), Brazil ― 家族農民連盟（ブラジル）
FFF Federation of Free Farmers ― 自由農民連盟（フィリピン）
FIAN Foodfirst Information and Action Network ― 食料第一情報と行動のネットワーク（フィアン）
FIMARC Fédération Internationale des Mouvements d'Adultes Ruraux Catholiques (International Federation of Rural Adult Catholic Movements) ― カトリック農村成人運動国際連盟
GATT General Agreement on Tariffs and Trade ― 関税および貿易に関する一般協定*
GCAR Global Campaign on Agrarian Reform ― 農地改革に関するグローバル・キャンペーン
GM genetically modified (~crops) ― 遺伝子組み換え（~作物）*
GMO genetically modified organism ― 遺伝子組み換え生物*
GNI gross national income ― 国民総所得*
GRAIN Genetic Resources and Action International ― 遺伝資源に関する国際運動（グレイン）
HIC Habitat International Coalition ― ハビタット（人間居住計画）国際同盟
HIPC heavily indebted poor countries ― 重債務貧困国*
Hivos Humanistisch Instituut voor Ontwikkelingssamenwerking (Humanist Institute for Cooperation with Developing Countries) ― 発展途上国との協力のための人道主義研究所（オランダ）
HRC Human Rights Council (United Nations) ― 国際連合人権理事会*
IAASTD International Assessment of Agricultural Knowledge, Science and Technology for Development ― 開発のための農業知識科学技術国際評価

IALA Instituto Universitario Latinoamericano de Agroecología "Paulo Freire" (Latin American University Institute of Agroecology "Paulo Freire") ─ 中南米大学、"パウロ・フレイレ"アグロエコロジー研究所（ベネズエラ）
ICA International Commission of Agriculture ─ 国際農業委員会（パリ）
ICARRD International Conference on Agrarian Reform and Rural Development ─ 農地改革と農村開発に関する国際会議
ICC International Coordinating Committee (of Vía Campesina) ─ （ビア・カンペシーナの）国際調整委員会
ICCO Inter-Church Organization for Development Cooperation ─ 開発協力のための教会間組織（オランダ）
ICSF International Collective in Support of Fishworkers ─ 漁業労働者支援のための国際共同体（インド、ベルギー）
ICW International Council of Women ─ 国際女性協議会
IFAD International Fund for Agricultural Development ─ 国際農業開発基金 *
IFAP International Federation of Agricultural Producers ─ 国際農業生産者連盟 *
IFC International Finance Corporation ─ 国際金融公社 *
IFIs international financial institutions ─ 国際金融機関
IFTOP Indian Federation of Toiling Peasants ─ 苦境にある小農インド連合（インド）
IIA International Institute of Agriculture ─ 国際農業研究所（ローマ）
IITC International Indian Treaty Council ─ 国際インド人条約 *
ILC International Land Coalition ─ 国際土地連合
IMF International Monetary Fund ─ 国際通貨基金 *
IPC International Planning Committee for Food Sovereignty ─ 食の主権のための国際計画委員会
IUF International Union of Food, Agricultural, Hotel, Restaurant, Catering, Tobacco & Allied Workers' Associations ─ 国際食品関連産業労働組合連合会 *
IWW Industrial Workers of the World ─ 世界産業労働組合 *
KCFA Kerala Coconut Farmers Association ─ ケララ・ココナッツ農家協会
KGSSS Karnataka Grameena Sarva Shramik Sangh ─ カルタナカ・グラミーナ・サルヴァ・シュラミク・サング（インド）
KMP Kilusang Magbubukid ng Pilipinas (Peasant Movement of the Philippines) ─ フィリピン小農運動
KMT Kuomintang (Chinese Nationalist Party) ─ 中国国民党 *
KRRS Karnataka Rajya Raitha Sangha (Karnataka State Farmers' Association) ─ カルタナカ・ラジャ・リョタ・サンガ（カルナタカ州農民組織）（インド）
LPM Landless People's Movement, South Africa ─ 土地なし人民運動（南アフリカ）
LRAN Land Research and Action Network ─ 土地調査・行動ネットワーク
LTO Land-en Tuinbouw Organisatie Nederland (Agriculture and Horticulture Organization) ─ 農業園芸機関（オランダ）
LVC La Vía Campesina ─ ビア・カンペシーナ
MAELA Movimiento Agro-Ecológico Latinoamericano (Latin American Agroecological Movement)

―中南米アグロエコロジー運動
MIJARC Mouvement International de la Jeunesse Agricole et Rurale Catholique (International Movement of Young Catholic Farmers) ― カトリック青年農民国際運動
MLAR market-led agrarian reform ― 市場主導による農地改革
MOCASE Movimiento Campesino de Santiago del Estero (Peasant Movement of Santiago del Estero) ― サンティアゴ・デル・エステロ小農運動（アルゼンチン）
MONLAR Movement for National Land and Agricultural Reform ― 全国農地・農業改革運動（スリランカ）
MOPR Mezhdunarodnaia Organizatsiia Pomoshchi Revoliutsioneram (International Organization for Aid to Revolutionaries, also known as "Red Aid") ― 革命家支援のための国際機関（レッド・エイド）
MST Movimento dos Trabalhadores Rurais Sem Terra (Landless Rural Workers Movement) ― 土地なし農民運動（ブラジル）
NALA Nepal Agricultural Labor Association ― ネパール農業労働協会
NAV Nederlandse Akkerbouw Vakbond (Dutch Arable Farming Union) ― オランダ人耕地農業組合（オランダ）
NEP New Economic Policy ― 新経済政策（ソビエト連邦）
NFA National Farmers Assembly ― 全国農民会議（スリランカ）
NFFC National Family Farm Coalition ― 全国家族農家連合（米国）
NFSW, National Federation of Sugar Workers ― サトウキビ労働者全国連合（フィリピン）
NFU National Farmers Union ― 全国農民組合（カナダ）
NFU National Farmers Union ― 全国農民組合（米国）
NGO Non-governmental organization ― 非政府組織＊
NLC National Land Committee ― 国土委員会（南アフリカ）
NNFFA Nepal National Fish Farmers Association ― ネパール全国養魚業従事者協会
NNPWA Nepal National Peasants Women's Association ― ネパール全国小農女性協会
NRS AP Nandya Raita Samakya, Andra Pradesh ― ナンディヤ・ライタ・サマキヤ、アンドラ・プラデシュ（インド）
ODA overseas development assistance ― 政府開発援助＊
OECD Organization for Economic Cooperation and Development ― 経済協力開発機構＊
OWINFS Our World Is Not For Sale ― 私たちの世界は売り物ではない
PAMALAKAYA National Federation of Small Fisherfolk Organization in the Philippines ― フィリピン小規模漁業組織の全国連合
PAN-AP Pesticide Action Network, Asia and the Pacific ― アジア・太平洋農薬行動ネットワーク＊
PFS Paulo Freire Stichting (Paulo Freire Foundation) ― パウロ・フレイレ財団（オランダ）
PKMT Pakistan Kissan Mazdoor Tehreek ― パキスタン・キッサン・マズドゥール・テーリーク
PROPAC Regional Platform of Peasant Organizations of Central Africa ― 中央アフリカ小農組織地域プラットフォーム
RAFI Rural Advancement Foundation International ― 国際農村振興財団

RAI Responsible Agricultural Investment ── 責任ある農業投資*
REDD+ Reducing Emissions from Deforestation and Forest Degradation ── 森林減少・劣化からの温室効果ガス排出削減（レッドプラス）*
ROPPA Réseau des Organisations Paysannes et des Producteurs Agricoles de L'Afrique de L'Ouest (Network of Peasant and Agricultural Producers Organizations of West Africa) ── 西アフリカ小農・農業生産者組織ネットワーク
SACAU Southern African Confederation of Agricultural Unions ── 南アフリカ農業組合連合
SOC Sindicato Obrero del Campo (Rural Workers Union, Andalucía) ── アンダルシア農村労働組合（スペイン）
SPI Serikat Petani Indonesia (Indonesian Farmers Union) ── セリカット・ペタニ・インドネシア（インドネシア農民組合）
SRA Sociedad Rural Argentina (Argentine Rural Society) ── アルゼンチン農村協会
TAM transnational agrarian movement ── 国境を越える農民運動
TNCs transnational corporations ── 多国籍企業*
TNDWM, Tamil Nadu Dalit Women's Movement ── タミル・ナドゥ・ダリット女性運動（インド）
TNFA Tamil Nadu Farmers Association ── タミル・ナドゥ農民協会
TNI Transnational Institute ── トランスナショナル研究所*
TNWF Tamil Nadu Women's Forum ── タミル・ナドゥ女性フォーラム（インド）
TWF Tenaganita Women's Force ── タナガニタ女性隊（マレーシア）
TWN Third World Network ── 第三世界ネットワーク*
UMA, Unyon ng Manggagawa sa Agrikultura (Union of Agricultural Workers) ── 農業労働組合（フィリピン）
UNAG Unión Nacional de Agricultores y Ganaderos (National Union of Agricultural and Livestock Producers) ── 農畜産業生産者による全国組合（ニカラグア）
UNORCA, Unión Nacional de Organizaciones Regionales Campesinas Autónomas (National Union of Autonomous Regional Peasant Organizations) ── 地域小農自治組織の全国組合（メキシコ）
UNORKA, Ugnayan ng mga Nagsasariling Lokal na Organisasyon sa Kanayunan (Coordination of Autonomous Local Rural Organizations) ── 地方農村自治組織調整委員会（フィリピン）
UPANACIONAL Unión de Pequeños y Medianos Agricultores Nacionales (Union of Small and Medium Agriculturalists) ── 中小規模農民組合（コスタリカ）
UPPA Union Provisoire des Paysans Africains (Provisional Union of African Peasants) ── アフリカ人小農による暫定組合
USFSA US Food Sovereignty Alliance ── 米国食の主権アライアンス
VNWF Vikalpani National Women's Federation ── ヴィカルパニ女性連盟（スリランカ）
WAMIP World Alliance of Mobile Indigenous People ── 遊牧先住民族のための世界アライアンス
WB World Bank ── 世界銀行*
WFF World Forum of Fish Harvesters and Fish Workers ── 漁撈者および漁業労働者のための世界フォーラム

WFFP World Forum of Fisher Peoples — 漁民のための世界フォーラム
WFO World Farmers' Organization — 世界農民組織
WMW World March of Women — 世界女性マーチ
WSF World Social Forum — 世界社会フォーラム＊
WTO World Trade Organization — 世界貿易機関＊
WWOOF World Wide Opportunities on Organic Farms — 世界の有機農園における就農機会（ウーフ）
ZANU Zimbabwe African National Union — ジンバブウェ・アフリカ人全国組合
ZIMSOFF Zimbabwe Small Organic Smallholder Farmers Forum — ジンバブウェ小規模有機農家フォーラム
ZNFU Zambia National Farmers Union — ジンバブウェ全国農民組合

訳者解説

国連を変える農民運動

　2018年9月28日、素晴らしいニュースが飛び込んできた。
　本書の第6章でも取り上げる「小農と農村で働く人びとの権利に関する国連宣言」が、国連人権理事会で採択されたというのである。あとは、今年中の国連総会決議を待つだけとなったが、これも圧倒的多数の賛成が予想されている。
　この国連宣言の草稿となった諮問委員会の第一ドラフトは、2008年に世界最大の小農運動といわれるビア・カンペシーナが発表した「小農権利宣言」を土台としていた。さらに、この「小農権利宣言」は、本書でも紹介されているように、1990年代末からインドネシアのビア・カンペシーナに加盟する小農が協議に協議を重ねてつくりあげ、2008年のビア・カンペシーナの国際会議で採択された宣言文をもとに準備したものであった。また、ビア・カンペシーナとその協力者らは、「小農権利宣言」だけでなく、2014年の「国際家族農業年」、そして来年から始まる「国際家族農業の10年」の国連総会での採択も実現させている。
　「国境を越える農民運動」をテーマとした本書は、この世界80か国の2億人の小農が加盟するビア・カンペシーナの誕生と国際舞台での活躍抜きには成立しなかったであろう。逆にいえば、このような現象こそが、本書が世界に必要とされた背景ともいえる。
　かつて国連を研究対象とし、国際関係学に身を置きながら、アフリカの小農の歴史を学び、アフリカや南米の小農運動と一緒に活動してきた筆者にとってすら、これは驚くべき出来事である。「南の小農」が、国際政治の最前線にあたる国連に対して、アジェンダ設定を提案し、国連文書のたたき台を提供し、国家間協議に参加して意見を述べ、「ソフトロー」とはいえ現実に新しい国際法の成立を導いた事実は、2008年の「先住民族の権利に関する国連宣言」と並び、世界史に残る出来事といっても過言ではないだろう。

本書の特徴

しかし、本書は単にビア・カンペシーナをはじめとする「国境を越える農民運動」を讃える本ではない。その挑戦に理解を示しながらも、厳しくも冷静なまなざしで、農民運動の課題と可能性を、歴史的背景と政治的ダイナミズム（力学・動態）にもとづき、明らかにしようと試みる。

本書は、戦前（1920年代）に北米で結成され広がりをみせた加盟国における女性連合（ACWW）を最初に取り上げ、農村女性が女性どうしの連帯にもとづいて「国境を越える農民運動」を形成したことを紹介する。そのうえで、政党（農民党、共産党、後に社会民主党）、植民地解放運動あるいは反独裁運動、宗教（たとえば、カトリック教会）、農村を手伝う都市住民のボランティア活動（ウーフ）が、小農運動の越境性（跨境性）にどのように影響を与えたのか（国際的な条件がどのような影響を各国、各地の小農や小農運動に影響を与えたのか）を明らかにする。特に、「なぜ、どのように関係が構築されたのか」に注目している点が本書の特徴といえる。多様な農民運動の歴史的な展開を重視しつつも、国際的な政策の潮流の変化を縦軸に、社会の様々な層と小農の関係を横軸に、多角的な分析を試みている。

前者（縦軸）については、戦後世界で福祉国家に向かう動きが紹介された後、その観点からは「異端なもの」として冷笑の対象となっていた新自由主義的な政策が世界に広がっていき、現在に至る過程が示される。そのうえで、各農民運動に加盟する農民の階級分析を土台として、運動の目的や戦略、アライアンスの形成先の違いを明らかにしている。

本書でも指摘されている通り、近年、日本だけでなく世界各地でアイデンティティ政治が強まってきているが、人種やエスニシティ、宗教やジェンダーについては語られても、階級は分析の枠組みから外されることが多い。これは、冷戦後における世界的な特徴といえる。しかし、本書が明らかにするように、社会運動の基盤、その目的や戦略、運動内部での関係性、外部のアクターとの関係構築のあり方を検討するにあたって、運動やリーダーの階級的背景を無視していては、十分な分析とはなり得ない。本書で紹介されているように、「富農」とも呼べる大きな土地を所有し商業的な農業生産や金貸しを行う「農民」と、不安定な土地の使用権しか持たない「小農」あるいは「貧農」とでは、運動を通じて達成したい政治的目的は異なっていて当然であり、国際的なキャンペーンを含む様々なレベルでの働きかけ戦略の方向性も異なってくる。最近、

世界の若い人たちの間で、農民運動に注目する研究が急速に増えてきているが、一部を除き、各運動の規模や加盟団体、宣言文やニューズレターなどの分析、あるいはリーダーや事務局スタッフへのインタビューのみに頼った表面的な分析にとどまる傾向がある。これらの多くが社会学（特に社会運動論）の学説を引用してはいるが、先行研究に記される表現や現象のみを取捨選択して結論を導いて終わる論文も非常に多い。その点でも、本書が示した方法論は参考にされるべきだ。

　また、本書が、農民運動を、国際レベルあるいは国家レベルにとどめず、リージョン（中南米などの単位）あるいはローカル（地域社会）のレベルにも目を配って分析し、「国境を越える農民運動」の実態に肉薄しようとしている点は重要である。本書では、自分の畑から遠く離れ、飛行機に乗って、会議から会議へと渡り歩く「ジェット族」のジレンマや問題も披露される。さらに、「小農運動は果たして小農を代表できるのか？」という問いについても、「代表権」を二つの意味に分けて論じることで、これへの応答を可能としている。国境を越えるようになったにもかかわらず、農民運動を国内レベルあるいは国際レベルでのみ分析する傾向が依然として根強いことを考えると、多様なレベルを分析視角に入れる重要性を喚起する本書の意義は、ますます強まっていくだろう。

　このように本書は、社会運動や農民、農民組織、国際関係学に関心がある人だけでなく、開発援助や外交政策に関わる実務者、国際法の研究者にも役に立つ本となっている。1980年以降の日本では、歴史は忘れられ、いわゆる「途上国の小農」は「助けてあげなければならない対象」のイメージが根強い。しかし、南の小農が世界史的転換に果たしてきた役割の大きさはとてつもなく大きかった。現在では、国際常識（規範）上は絶対悪とされる「植民地支配」や「傀儡政権による支配」も、南の小農の抵抗や闘い抜きには、規範の転換も現実の消滅（後者は道半ばとはいえ）もあり得なかった。その意味で、世界における人権や民主主義の発展において、南の小農が身を挺して果たした役割は大きかったといえる。しかし、世界とりわけ南の小農が直面した1980年代や90年代後半から現在まで続く厳しい状況のなかで、その多くは国家レベルから国際レベルまでの失政あるいは圧力によるものだったとはいえ、小農は「貧しく、代替案を持たない、援助を待つ存在」として認識されるようになった。これは北の援助者だけでなく、南のエリートも同様である。

このような認識は、新自由主義的な政策の導入プロセスのなかで、ますます強化され、「粗放農業しか知らない現地農民は、農業開発のポテンシャルのある広大な土地を余らせている」との言説が世界的に広められていった。その典型事例が、2009年に日本がブラジルと組んでモザンビークに導入しようとしたプロサバンナ事業であった*)。21世紀に入ってからの凄まじい農地や水源、森林の収奪は、「ランドグラブ」として世界の注目を集めるようにはなった。しかし、農村地帯を「空白地」としてながめ、そこに暮らして土地を耕し命をつないできた小農の存在を無視あるいは軽視し、国家計画や経済効率のために空間を明け渡すべき存在として「客体化」する傾向は依然として強いままである。世界的に生じたこの現象に、歴史的にも現代においてもその尊厳と主権を踏みにじられてきた小農が、尊厳ある「主権者」として立ち上がり、あらゆるレベルの人びとや運動とつながりあいながら、世界にその存在を認めさせようと国連での議論に参加する時代が到来している。大きな限界に直面しながらも、危機を転換する力を小農が内包していたこと、それを可能とする条件や協力者がいたこと、これらの点について本書は詳しく紹介している。

本書は第5章で、「私たちを抜きにして私たちのことを語るな」という、当事者たちの強烈なメッセージを紹介しているが、「小農のために」と語りがちな都市あるいは北の私たちに鋭い課題を突きつける。これは単なる表象や政治的な正しさ（political correctness）の問題にとどまらない。小農に多大な影響を及ぼす政策や計画、事業が、小農以外の人びとの頭のなかで考え出され、決定されることへの異議申し立てである。「小農権利宣言」の草稿には、これらの外から持ち込まれる政策などを、小農が「拒否できる権利」が書き込まれていた。このことの意味を、日本をはじめとする世界の都市住民はしっかり認識すべき

---

*）プロサバンナ事業（日本・ブラジル・モザンビークによるアフリカ熱帯サバンナ農業開発のための三角協力）は、2009年9月に3か国の間で調印された。日本によるブラジル・セラードの農業開発を「成功例」としてとらえ、「農学的に類似」し「同じポルトガル語を公用語とする」モザンビークの「余った広大な土地」に投資を呼び込んで、アジア市場向け大豆や穀物の大規模生産を可能とするために開始された事業であった。しかし、モザンビークのビア・カンペシーナ加盟団体（UNAC、全国農民連合）をはじめとするモザンビーク・ブラジル・日本の市民社会組織の抵抗に直面し、当初計画の大幅なる後退を余儀なくされ、困難に直面している。詳細は拙稿「モザンビーク・プロサバンナ事業の批判的検討」阪本久美子、西川潤、大林稔 編『アフリカにおける内発的発展——住民自立と支援』（昭和堂、2014）あるいは「モザンビークで何が起きているのか」、『世界』（2017年5月号、ウェブ上でも連載として公開）を参照。

であろう。
　その意味で、本書が農民運動や農家内のジェンダーや世代の問題を取り上げている点は、注目に値する。日本のジェンダーギャップ指数が2017年に114位と低かったことに示されるように、この問題が日本で真正面から語られることは依然として少ない。ただし、これはアジアや中南米、そしてアフリカでも同じである。ここでも国境を越える運動が果たす役割の大きさが、本書で明らかにされる。年功序列、男性優位の農村社会や農民運動が、まずは国境を越えた女性どうしの出会いによる課題の共有から始まり、女性たちが一致団結して国際レベルでのリーダーシップの参加を要求し、それが実現した後、国際レベルから各国の運動、そしてローカルな運動に持ち込まれていったことも記されている。現在、世界で最も活発で動員力のある運動とされるのが「女性運動」である。女性運動を介して、都市の女性と農村の女性の運動が出会い、政治を動かしつつあることまでは本書は触れていないが、いつかの機会にこれを紹介することができればと思う。
　また、農業を中心に考えがちな「農」の分野の関係者（学術、実務者だけでなく農民運動を含む）に、「食」から考える重要性、また「食」に携わる農業以外の関係者との連携の重要性を喚起したのが、「食への権利」や「食の主権」の概念の発達と、それを支えてきた国境を越える漁業者や「食」の運動の存在であった。なかでも特筆に値するのが、本書でも取り上げている「フードムーブメント」であり、農民だけが当事者である農民運動を、みなが当事者になれる運動に広げ、国境、分野、階級やジェンダーの枠を押し広げる役割を果たした。そのことは、農民運動の意義の矮小化にもつながりかねない一方で、IPC（食の主権のための国際計画委員会）をはじめとする世界組織の戦略的成功が、農民運動の地位を引き上げた点についても、本書は取り上げている。
　最後に、国際機関と小農運動がどのように関係を結んできたのか。その背後にあった多様な小農運動の様々な戦略、そしてそれを支えるNGOや非政府系および政府系の援助機関の動きについても本書はていねいに取り上げており、国際関係学や開発援助の研究者にも大きな示唆を与えるだろう。
　ただし、本書は、これらの躍動する運動の前に立ちこめる雨雲についても自覚的である。この攻勢を可能としていた資金的な協力が、ヨーロッパ諸国や中南米諸国政府の右傾化により難しくなりつつあること、また何より現実の農業を続けていくうえでの基本的条件（農地など）が南では剥奪され、北では高齢

化などによって厳しくなってきている現実も取り上げられている。

著者紹介と本シリーズの誕生秘話
　以上に紹介した「国境を越える農民運動」の過去・現在・未来について、残念ながら、日本ではほとんど知られていない。その点で、世界で起きてきたことと起きていることを「まずは知ってもらう」という意味でも本書はおすすめである。
　ここで、本書の著者のマーク・エデルマン教授とサトゥルニーノ（ジュン）・ボラス・Jr. 教授を紹介したい。マークの肩書きは「文化人類学者」となっているので、一部の人にはやや違和感があるかもしれない。しかし、彼は世界の小農研究のみならず、食と農の分野における政治・国際関係・社会・言説の分析の第一人者として著名である。「小農と農村で働く人びとの権利に関する国連宣言」の第一セッションでも、パネリストとして国連人権理事会に招へいされ、「小農とは？」という難しいが宣言の根幹となる問いに対して、重要な整理と提言を行っている*)。また、国際法を小農が進化させてきたこと、食の主権の見取り図などについても、多くの論文を発表しているので、この分野に関心を持ち基本文献を読み進めたいという方は、まずは彼の論文を手にとってみるとよいだろう（本書の参考文献一覧を参照）。マークは、中南米の農民運動の文化人類学的な調査研究を博士論文で行ったが、その世界的な連携のあり方を米国や西ヨーロッパ中心の視点ではなく別の角度から学ぼうと、わざわざロシア語を勉強してソ連に留学した米国人でもある。その経験は、本書の最初の章に活かされている。現在の日本では「国際」というと、米国経由あるいは西ヨーロッパ経由で理解されがちであるが、それ以外の「国際」のネットワークがあったことについて知る機会ともなろう。
　食と農の分野では世界的に知らない人はいないジュン・ボラスであるが、日本では未だほとんど知られていない。現在、世界で最もネット上でのダウンロード数が多い社会科学の学術誌の一つである『小農研究』（*Journal of Peasants Studies*: JPS）の編集長として敏腕をふるいながら、土地収奪や小農運動、食の問

---

*）Edelman, Marc. 2013. "What is a peasant? What are peasantries?: a briefing paper on issues of definition", prepared for the first session of the Intergovernmental Working Group on a United Nations Declaration on the Rights of Peasants and Other People working in Rural Areas.

題について様々な国際的な研究や社会運動の世界的ネットワークづくりに従事し、国際的な交渉・学説・言論空間に多大なる影響を及ぼしてきた人物である。本書を含むシリーズを刊行するICASも彼のイニシアティブであり、彼が企画・主宰する国際学術会議には毎回500人を超える世界の若者の応募があり、農民運動やフードムーブメントの関係者も必ず参加し、現実に根ざした最先端の議論が繰り広げられる。実は、その多くの会議を農民運動自身が共催しており、学術空間を社会に開くという意味でも新しい風をもたらしてきた。

世界に国境を越え、分野や出自を超えた言論空間をきり拓いてきたジュンであるが、フィリピンの少数民族出身である。1980年代後半に、フィリピンの国立大学の法学部に入学したものの、社会運動に身を投じ、フィリピンの農村住民とともに活動に明け暮れていたという。その彼が、問題の根源が社会のなかだけではなく、フィリピン農民が置かれた世界的状況（とそれに影響を受けたフィリピン政治経済社会環境）にあると気づき、1990年代半ばにオランダ・ハーグにあるISS（社会科学国際研究所）のドアをたたき、そして教授に昇り詰めたこと自体が、時代の変化を物語っている。しかし、彼はアクティビストとしての活動も継続し、ビア・カンペシーナの設立に関与したほか、現在もアムステルダムにあるトランスナショナル研究所（TNI）の研究員として市民社会でも重要な役割を果たしている。その意味で、彼自身が「越境する運動」を体現しているともいえる。

ジュンがフィリピンで学び活動していたとき、彼が最も参考にしたのが上記のJPSであったという。しかし、インターネットにアクセスできずお金もなかった時代、編集長に手紙を書きJPSを送ってほしいと頼んだが、その返事が届くことはなかった。その彼が編集長に着任したとき、最初にしたことが、社会にとって重要な論文にフリーアクセスの機会を提供することであった。このICASブックシリーズはその延長線上にある。世界中のこの分野に関心を寄せる若者、農民、社会運動や市民活動に関わる人たち、そして実務者や政策立案者に気軽に手にとってもらえる「小さい本」を届けたい。しかし、その「小さな本」には「ビックなアイディア」が詰め込まれ、これまでの学説を検討し現実に根ざした分析ながらも、未来に開かれたビジョンを共有することで社会を励ましたい、そのような願いが込められている。そして、国境を越えてこれを届けるために、すでに世界各国で10を超える言語に訳されている。日本語版の誕生は、この列の最後に加わるものである。

このシリーズ本の日本語版を出版してほしいとジュンに頼まれたのは、2014年のことだった。その際に、「どうして日本には世界に出てくる人がこの分野でほとんどいないのか？」とくり返し問われた。筆者としても、2012年末からランドグラブの問題に関わるようになり、世界各地の研究者や農民運動、アクティビストと交わるなかで、日本でもっとこの分野を学び関わる人を増やさなければならないと強く感じるようになっていた矢先のことでもあった。

　しかし、長年にわたって戦争と平和、そしてアフリカ地域研究を中心に研究をしてきた身には、荷が重いことであった。そんななか、アフリカ研究と活動を通じて、今回の監修チームの仲間と集えたことは、本当に幸運だった。また、日本の大学を去りドイツと日本の間を行き来するようになった筆者の新たな学びを支えてくれたのは、ICAS に集う老若男女の「村人」(villagers) たちであった。食と農の分野の古典から最新の文献を次々に与えてくれ、議論に参加させてくれ、鍛えてくれた「村人」たちに心から感謝したい。これらの文献を、ドイツの森と畑のなかで農に従事しながら、耳で「読んだ」日々は一生の宝物である。

訳にあたっての困難

　日本の読者にあらかじめ断っておきたいのが、日本語版の本書に多くのカタカナが残っている点である。くり返し出てくる用語には訳者注を加えたが、その意図をここで述べておきたい。まず、多くの英語の表現には日本語の訳語をあてることが可能であるが、それをすることで原文、原語の持っていた意味が薄まったり、狭まったり、弱まったりするため、あえてカタカナのままにした用語がある。たとえばアクティビスト、アライアンス、グローバル・ジャスティス、フードムーブメントなどである。

　また、開発援助用語として確立されているアカウンタビリティ、ガバナンス、エンパワーメントなども、あえてそのままにしてある。それ以外は、なるべく訳語をあてるようにしたが、全体的に日本語の書物としては読みづらい状態になってしまっていることをお詫びしたい。

　そして、もっと重要な点の、本書のタイトルにもある「国境を超える (transnational)」を「越える」とするのか「超える」とするのかといった難しさである。本書では地理的な意味での「越える」のニュアンスが強かったため「越える」としたが、「概念としての国境を超える」という意味も帯びた TAM

をどう訳すべきかについては最後まで悩んだ。ひらがなで「こえる」とすべきであったかもしれないが、本のタイトルとしてはややインパクトに欠けるため、最終的に「越える」とした。

また、監修チーム内では、日本で訳語として定着しつつある「食料主権（food sovereignty）」と「食料への権利（rights to food）」をそのまま使うか、「食への権利」とするかで議論が交わされた。最後まで悩みに悩んだが、これらの概念を生み出し、国際レベルにまで持ち込んだ専門家や社会運動の掲げる「food」が多様な文脈（社会関係を含む）を包含する「食」を指していること、また「料」が「使用、加工、代金、代物」を意味する漢字であるため、「食」を用いた。ただし、「食の主権」という日本語表現に座り心地の悪さがあることは事実である。「食に関する主権」、「食をめぐる主権」なども検討されたが、最終的に「食の主権」となった。また、「sovereignty」についてもNGO関係者から、中身がわかる「自己決定権」を当てる方がよいのではないかといった提案もあったが、原語を活かして「主権」のままとした。

二人の著者の英語の特徴として、日本語に訳しづらい書き方をしている箇所が多く、日本語の読者に読みやすいようにあえて大胆に文章を区切るなどの措置を行った。また、「小農」と「農民」のこだわりなどにも常に気を配らなければならなかったが、ある箇所についてはあまりこだわりがない記述もあり、共著本ゆえの訳し辛さがあった。

日本の文献の紹介

本書で取り上げられた小農（「中農」を含む）をめぐる議論は、日本に膨大なる研究蓄積がある。レーニンしかり、チャヤノフしかりである。その点から、日本の読者のなかには、物足りないと感じる人もいるであろう。それらの蓄積を紹介する紙幅もないため、本書との関係で参考になると考えられる和書をいくつか紹介する。

- 国連世界食料保障委員会専門家ハイレベル・パネル『家族農業が世界の未来を拓く——食料保障のための小規模農業への投資』農山漁村文化協会、2014年
- 守田志郎『小農はなぜ強いか』農山漁村文化協会、1975年
- 磯辺俊彦「チャヤノフ理論と日本における小農経済研究の軌跡」、『農業経済研究』第62巻第3号、1990年
- 磯辺利彦『共（コミューン）の思想——農業問題再考』日本経済新聞社、1990年
- 玉真之介『日本小農論の系譜——経済原論の適用を拒否した5人の先達』農山漁村文化協会、

1995年
- ラジ・パテル（佐久間智子訳）『肥満と飢餓——世界フードビジネスの不幸のシステム』作品社、2010年
- 秋津元輝・松平尚也「小さな農業とは何か——世界的な小農再評価との連携」、『農業と経済』1・2月合併号、昭和堂、2018年

　本書の冒頭で著者が記しているように、今日本では食と農をめぐる状況が急速に変わりつつある。これまで南の国々の小農や小規模農家が直面してきた現実（種子や遺伝子組み換え作物をめぐる法制度の問題）が、次々に日本に押し寄せている状態にある。本書の日本語版が、少しでもこのような世界大で進む政策の背景や、これに抗うために積み重ねられてきた努力の理解に役立てばと願っている。

　　2018年11月

　　　　　　　　　　　　　　　　　　監訳者　舩田クラーセンさやか

参考文献

[序章]

Akram-Lodhi, A. Haroon, and Cristóbal Kay. 2010. "Surveying the Agrarian Question (part 1): Unearthing Foundations, Exploring Diversity." *Journal of Peasant Studies* 37, 1.

Anheier, Helmut, and Nuno Themudo. 2002. "Organisational Forms of Global Civil Society: Implications of Going Global." In Marlise Glasius, Mary Kaldor and Helmut Anheier (eds.). *Global Civil Society 2002*. Oxford: Oxford University Press.

Barker, Colin. 2014. "Class Struggle and Social Movements." In Colin Barker, Laurence Cox, John Krinsky, and Alf Gunvald Nilsen (eds.), *Marxism and Social Movements*. Chicago: Haymarket Books.

Beck, Ulrich. 2004. "Cosmopolitical Realism: On the Distinction between Cosmopolitanism in Philosophy and the Social Sciences." *Global Networks* 4, 2.

Bernstein, Henry. 2010. *Class Dynamics of Agrarian Change*, Halifax: Fernwood Publishing.

Calhoun, Craig. 1993. "'New Social Movements' of the Early Nineteenth Century." *Social Science History* 17, 3.

Castells, Manuel. 2012. *Networks of Outrage and Hope: Social Movements in the Internet Age*. Cambridge: Polity.

Della Porta, Donatella (ed.). 2007. *The Global Justice Movement: Cross-National and Transnational Perspectives*. Boulder: Paradigm Publishers.

Desmarais, Annette. 2007. *La Via Campesina: Globalization and the Power of Peasants*. Halifax: Fernwood; London: Pluto.

Edelman, Marc.1998. "Transnational Peasant Politics in Central America." *Latin American Research Review* 33, 3.

FAO (U.N. Food and Agriculture Organization). 2013. Faostat Database. http://faostat3.fao.org/home/E

Fox, Jonathan. 2009. "Coalitions and Networks." In Helmut Anheier and Stefan Toepler (eds.), *International Encyclopedia of Civil Society*. New York: Springer Publications.

Fraser, Nancy. 2003. "Social Justice in the Age of Identity Politics: Redistribution, Recognition, and Participation." In Nancy Fraser and Axel Honneth (eds.), *Redistribution or Recognition? A Political-Philosophical Exchange*. London: Verso.

Hetland, Gabriel, and Jeff Goodwin. 2014. "The Strange Disappearance of Capitalism from Social Movement Studies". In Colin Barker, Laurence Cox, John Krinsky, and Alf Gunvald Nilsen (eds.), *Marxism and Social Movements,* Chicago: Haymarket Books.

Hussain, Athar, and Keith Tribe. 1981. *Marxism and the Agrarian Question*, Volume 1, German Social Democracy and the Peasantry 1890-1907. Atlantic Highlands, NJ: Humanities Press.

Juris, Jeffrey S., and Alex Khasnabish (eds.). 2013. *Insurgent Encounters: Transnational Activism,*

Ethnography, and the Political. Durham: Duke University Press.
Keck, Margaret E., and Kathryn Sikkink. 1998. *Activists beyond Borders: Advocacy Networks in International Politics.* Ithaca: Cornell University Press.
Landsberger, Henry A. and Cynthia N. Hewitt. 1970. "Ten Sources of Weakness and Cleavage in Latin American Peasant Movements." In Rodolfo Stavenhagen (ed.), *Agrarian Problems and Peasant Movements in Latin America.* Garden City, NY: Anchor-Doubleday.
McAdam, Doug. 1995. "'Initiator' and 'Spin-off' Movements: Diffusion Processes in Protest Cycles." In Mark Traugott (ed.), *Repertoires and Cycles of Collective Action.* Durham: Duke University Press.
Moghadam, Valentine M. 2012. "Global Social Movements and Transnational Advocacy." In Edwin Amenta, Kate Nash and Alan Scott (eds.), *The Wiley-Blackwell Companion to Political Sociology.* Oxford: Wiley-Blackwell.
Sinha, Subir. 2012. "Transnationality and the Indian Fishworkers' Movement, 1960s-2000." *Journal of Agrarian Change* 12, 2-3.
Smith, Jackie and Hank Johnston (eds.). 2002. *Globalization and Resistance: Transnational Dimensions of Social Movements.* Lanham, MD: Rowman & Littlefield.
Tarrow, Sidney. 2005. *The New Transnational Activism.* Cambridge: Cambridge University Press.
―――. 1994. *Power in Movement: Social Movements, Collective Action, and Politics.* Cambridge: Cambridge University Press.
Tilly, Charles. 1986. *The Contentious French.* Cambridge: Harvard University Press.
―――. 1984. "Social Movements and National Politics." In Charles Bright and Susan Harding (eds.), *Statemaking and Social Movements.* Ann Arbor: University of Michigan Press.
Van der Ploeg, Jan Douwe. 2008. *The New Peasantries: Struggles for Autonomy and Sustainability in an Era of Empire and Globalization.* London: Earthscan.
Von Bülow, Marisa. 2010. *Building Transnational Networks: Civil Society and the Politics of Trade in the Americas.* Cambridge: Cambridge University Press.

[第1章]
ACWW (Associated Country Women of the World). 2012. "The Associated Country Women of the World." The Associated Country Women of the World. <http://www.acww.org.uk/ >.
Alforde, Nicholas. 2013. The White International: Anatomy of a Transnational Radical Revisionist Plot in Central Europe after World War I. PhD dissertation, West Yorkshire, UK: University of Bradford.
Bell, John D., 1977. *Peasants in Power: Alexander Stamboliski and the Bulgarian Agrarian National Union, 1899-1923.* Princeton: Princeton University Press.
Biondich, Mark. 2000. *Stjepan Radić, The Croat Peasant Party and the Politics of Mass Mobilization, 1904-1928.* Toronto: University of Toronto Press.
Boas, Taylor C., and Jordan Gans-Morse. 2009. "Neoliberalism: From New Liberal Philosophy to Anti-Liberal Slogan." *Studies in Comparative International Development* 44, 2.
Boéri, Julie. 2012. "Translation/interpreting Politics and Praxis: The Impact of Political Principles on Babels' Interpreting Practice." *The Translator* 18, 2.
Borras, Saturnino Jr, Marc Edelman and Cristóbal Kay. 2008. "Transnational Agrarian Movements:

Origins and Politics, Campaigns and Impact." *Journal of Agrarian Change* 8, 2-3.
Boyer, Jefferson. 2010. "Food Security, Food Sovereignty, and Local Challenges for Transnational Agrarian Movements: The Honduras Case." *Journal of Peasant Studies* 37, 2.
Buijtenhuijs, Robert. 2000. "Peasant Wars in Africa: Gone with the Wind?" In Deborah Bryceson, Cristóbal Kay, and Jos Mooij (eds.), *Disappearing Peasantries? Rural Labour in Africa, Asia and Latin America*. London: Intermediate Technology Publications.
Bunch, Roland. 1982. *Two Ears of Corn: A Guide to People-Centered Agricultural Improvement*. Oklahoma City: World Neighbors.
Bunn, Robyn. 2011. Weeding through the WWOOF Network: The Social Economy of Volunteer Tourism on Organic Farms in the Okanagan Valley. M.A. Thesis. Okanagan: University of British Columbia.
Carr, Edward Hallett. 1964. *A History of Soviet Russia: Socialism in One Country 1924-1926*, Vol. 3. New York: Macmillan.
Chang, Ha-Joon, and Ilene Grabel. 2004. *Reclaiming Development: An Alternative Economic Policy Manual*. London: Zed.
Cissokho, Mamadou. 2011. *God is Not a Peasant*. Bonneville, France: GRAD.
———. 2008. *Nous sommes notre remède*. Bonneville, France: GRAD-ROPPA.
Cohen, Stephen F., 1975. *Bukharin and the Bolshevik Revolution: A Political Biography, 1888-1938*. New York: Vintage.
Colby, Frank Moore (ed.).1922. *The New International Year Book: A Compendium of the World's Progress for the Year 1921*. New York: Dodd, Mead and Company.
Davies, Constance. 2001. "The Women's Institute: A Modern Voice for Women." <http://www.womens-institute.co.uk/memb-history/shtml>.
Dorner, Peter. 1992. *Latin American Land Reforms in Theory and Practice: A Retrospective Analysis*. Madison: University of Wisconsin Press.
Drage, Dorothy. 1961. *Pennies for Friendship... The Autobiography of an Active Octogenarian; a Pioneer of ACWW*. London: Gwenlyn Evans Caernarvon.
Durantt, Walter. 1920. "Accord in Balkans Takes Wider Scope." *The New York Times*, 27 August.
Edelman, Marc. 2003. "Transnational Peasant and Farmer Movements and Networks." In M. Kaldor, H. Anheier and M. Glasius (eds.). *Global Civil Society 2003*. Oxford: Oxford University Press.
———. 1997. "'Campesinos' and 'Técnicos': New Peasant Intellectuals in Central American Politics." In Barbara Ching and Gerald W. Creed (eds.), *Knowing Your Place: Rural Identity and Cultural Hierarchy*. New York: Routledge.
Ffrench-Davis, Ricardo. 2003. *Entre el neoliberalismo y el crecimiento con equidad: tres décadas de política económica en Chile*. Santiago, Chile: J.C. Sáez.
FIMARC (International Federation of Rural Adult Catholic Movement). 2014a. "International Federation of Rural Adult Catholic Movements." <http://www.fimarc.org/Ingles/Bienvenida%28I%29.htm>.
———. 2014b. "FIMARC World Assembly – Volkersberg – Germany – May 2014." <http://www.fimarc.org/Ingles/Datos%202014%20I/FIMARC%20Res%20Eng-FINAL.pdf>
Franke, Richard W., and Barbara H. Chasin. 1980. *Seeds of Famine: Ecological Destruction and the*

Development Dilemma in the West African Sahel. Montclair, NJ: Allanheld Osmun.
Gianaris, Nicholas V. 1996. *Geopolitical and Economic Changes in the Balkan Countries.* Westport, CT: Greenwood Publishing.
Helleiner, Eric. 1994. "From Bretton Woods to Global Finance: A World Turned Upside down." In Richard Stubbs and Geoffrey R.D. Underhill (eds.), *Political Economy and the Changing Global Order.* New York: St. Martin's Press.
Heller, Chaia. 2013. *Food Solidarity: French Farmers and the Fight against Industrial Agriculture and Genetically Modified Crops.* Durham, NC: Duke University Press.
Hewitt de Alcántara, Cynthia. 1976. *Modernizing Mexican Agriculture: Socioeconomic Implications of Technological Change, 1940-1970.* Geneva: UNRISD.
Holt-Giménez, Eric. 2006. *Campesino a Campesino: Voices from Latin America's Farmer to Farmer Movement for Sustainable Agriculture.* Oakland: Food First Books.
Howard Philip H. 2009. "Visualizing Consolidation in the Global Seed Industry: 1996-2008." *Sustainability* 1, 4.
Hyde, Alexander R.P. 2014. Post-Corporate Capitalism? Counter-Culture and Hegemony in the Hudson River Valley. M.A. thesis. New York: Hunter College-CUNY.
ICA (International Commission of Agriculture) and IFAP (International Federation of Agricultural Producers). 1967. *Cooperation in the European Market Economies.* Bombay: Asia Publishing House.
IFAP (International Federation of Agricultural Producers). 1957. *The First Ten Years of the International Federation of Agricultural Producers.* Paris and Washington: IFAP.
_____.1952. "FAO Position on International Commodity Problems." *IFAP News* 1, 1.
Jackson, George D., Jr. 1966. *Comintern and Peasant in East Europe, 1919-1930.* New York: Columbia University Press.
Keck, Margaret E., and Kathryn Sikkink. 1998. *Activists beyond Borders: Advocacy Networks in International Politics.* Ithaca: Cornell University Press.
Kohli, Atul. 2009. "Nationalist versus Dependent Capitalist Development: Alternate Pathways of Asia and Latin America in a Globalized World." *Studies in Comparative International Development* 44, 4.
Lecomte, Bernard. 2008. "Les trois étapes de la construction d'un movement paysan en Afrique de l'Ouest." In Jean-Claude Devèze (ed.), *Défis agricoles africains.* Paris: Karthala.
London Times, 1946a. "Conference of World Farmers: Supporting the F.A.O." *London Times,* 20 May.
_____. 1946b. "Marketing of Food." *London Times,* 30 May.
McMichael, Philip. 2009. "A Food Regime Genealogy." *Journal of Peasant Studies* 36,1.
_____. 2008. "Peasants Make their Own History, But Not Just as They Please…" *Journal of Agrarian Change* 8, 2-3.
McNabb, Marion, and Lois Neabel. 2001. "Manitoba Women's Institute Educational Program." <http://www.gov.mb.ca/agriculture/organizations/wi/mwi09s01.html>.
Meier, Mariann. 1958. *ACWW 1929-1959.* London: Associated Country Women of the World.
Moss, Jeffrey W., and Cynthia B. Lass. 1988. "A History of Farmers Institutes." *Agricultural History* 62, 2.
Paré, Luisa. 1972. *El Plan Puebla: Una revolución verde que está muy verde.* Geneva: UNRISD.
Pontifical Council for the Laity. 2014. "International Federation of Rural Catholic Movements."

<http://www.laici.va/content/laici/en/sezioni/associazioni/repertorio/associazione-rurale-cattolica-internazionale.html>.

Pundeff, Marin, 1992. "Bulgaria." In Joseph Held (ed.), *The Columbia History of Eastern Europe in the Twentieth Century*. New York: Columbia University Press.

Quinn-Judge, Sophie. 2003. *Ho Chi Minh: The Missing Years*. Berkeley: University of California Press.

Ratner, Blake D., Björn Åsgård, and Edward H. Allison. 2014. "Fishing for Justice: Human Rights, Development, and Fisheries Sector Reform." *Global Environmental Change* 27.

Rupp, Leila J. 1997. *Worlds of Women: The Making of an International Women's Movement*. Princeton: Princeton University Press.

Sachs, Jeffrey D., 1999. "Sachs Denounces IMF and HIPC; Calls for Debt Write-Off, IMF to Get Out." Testimony for the House Committee on Banking and Financial Services, Hearing on Debt Reduction, June 15, <http://lists.essential.org/stop-imf/msg00144.html>.

Sen, Amartya. 2000. *Development and Freedom*. New York: Anchor.

Shanin, Teodor. 1990. *Defining Peasants: Essays Concerning Rural Societies, Expolary Economies, and Learning from Them in the Contemporary World*. Oxford, UK: Blackwell.

Simpson, Bradley. 2008. *Economists with Guns: Authoritarian Development and U.S.-Indonesian Relations, 1960-1968*. Stanford: Stanford University Press.

Sinha, Subir. 2012. "Transnationality and the Indian Fishworkers' Movement, 1960s-2000." *Journal of Agrarian Change* 12, 2-3.

Soros, George. 2002. *On Globalization*. New York: Public Affairs-Perseus.

Stiglitz, Joseph E. 2002. *Globalization and its Discontents*. New York: W.W. Norton.

Tarrow, Sidney. 2005. *The New Transnational Activism*. Cambridge: Cambridge University Press.

Thiesenhusen, William C. 1995. *Broken Promises: Agrarian Reform and the Latin American Campesino*. Boulder: Westview Press.

Upton, Caroline. 2014. "The New Politics of Pastoralism: Identity, Justice and Global Activism." *Geoforum* 54.

Wade, Robert Hunter. 2003. "What Strategies Are Viable for Developing Countries Today? The World Trade Organization and the Shrinking of 'Development Space.'" *Review of International Political Economy* 10, 4.

Wolf, Eric R. 1969. *Peasant Wars of the Twentieth Century*. New York: Harper & Row.

Yamamoto, Daisaku, and A. Katrina Engelsted. 2014. "World Wide Opportunities on Organic Farms (WWOOF) in the United States: Locations and Motivations of Volunteer Tourism Host Farms." *Journal of Sustainable Tourism* 22, 6.

[第2章]

Agarwal, Bina. 2015. "The Power of Numbers in Gender Dynamics: Illustrations from Community Forestry Groups." *Journal of Peasant Studies* 42, 1.

Akram-Lodhi, A. Haroon, and Cristóbal Kay. 2010. "Surveying the Agrarian Question (part 1): Unearthing Foundations, Exploring Diversity." *Journal of Peasant Studies* 37, 1.

Assadi, Muzaffar. 1994. " 'Khadi Curtain', 'Weak Capitalism' and 'Operation Ryot': Some Ambiguities in Farmers' Discourse, Karnataka and Maharashtra 1980–93." *Journal of Peasant Studies* 21, 3-4.

Bartra, Armando, and Gerardo Otero. 2005. "Contesting Neoliberal Globalism and NAFTA in Rural Mexico: From State Corporatism to the Political-Cultural Formation of the Peasantry?" *Journal of Latino/Latin American Studies* 1, 4.

Bernstein, Henry. 2010. *Class Dynamics of Agrarian Change*, Halifax: Fernwood Publishing.

Blokland, Cornelis. 1992. *Participación campesina en el desarrollo económico: la Unión Nacional de Agricultores y Ganaderos de Nicaragua durante la revolución sandinista*. Doetinchem: Paulo Freire Stichting.

Borras, Saturnino Jr. 2008. "La Via Campesina and its Global Campaign for Agrarian Reform." *Journal of Agrarian Change* 8, 2-3.

———. 2004. "La Via Campesina: An Evolving Transnational Social Movement." TNI Briefing Paper Series 2004/6, 30pp. Amsterdam: Transnational Institute.

Braudel, Fernand. 1982. *The Wheels of Commerce. Vol. 2. Civilization and Capitalism 15th-18th Century*. New York: Harper & Row.

Bunn, Robyn. 2011. Weeding through the WWOOF Network: The Social Economy of Volunteer Tourism on Organic Farms in the Okanagan Valley. M.A. Thesis. Okanagan: University of British Columbia.

Cabarrús, Carlos Rafael. 1983. *Génesis de una revolución: análisis del surgimiento y desarrollo de la organización campesina en El Salvador*. Mexico: Ediciones de la Casa Chata.

Deere, Carmen Diana and Frederick Royce. 2009. "Introduction: The Rise and Impact of National and Transnational Rural Social Movements in Latin America." In Carmen Diana Deere and Frederick S. Royce (eds.), *Rural Social Movements in Latin America: Organizing for Sustainable Livelihoods*. Gainesville: University Press of Florida.

Esteva, Gustavo. 1983. *The Struggle for Rural Mexico*. South Hadley, MA: Bergin & Garvey.

Feder, Ernst. 1978. "Campesinistas y descampesinistas. Tres enfoques divergentes (no incompatibles) sobre la la destrucción del campesinado." *Comercio Exterior* [Mexico] 28, 1.

Gupta, Akhil. 1998. *Postcolonial Developments: Agriculture in the Making of Modern India*. Durham: Duke University Press.

Honduras Laboral. 2010. "Directivos golpistas del COCOCH en Honduras se toman por asalto esa organización campesina." <http://www.honduraslaboral.org/article/directivos-golpistas-del-cococh-en-honduras-se-tom/>.

Huizer, Gerrit. 1972. *The Revolutionary Potential of Peasants in Latin America*. Lexington, MA: Lexington Books.

Hyde, Alexander R.P. 2014. Post-Corporate Capitalism? Counter-Culture and Hegemony in the Hudson River Valley. M.A. thesis. New York: Hunter College-CUNY.

Junta Directiva Nacional Auténtica del COCOCH. 2010. "La verdadera realidad de los golpistas del COCOCH en Honduras, golpe de estado social al COCOCH." <http://cococh.blogspot.ch/2010/03/replica-de-comunicado.html>.

Kay, Cristóbal. 2008. "Reflections on Latin American Rural Studies in the Neoliberal Globalization Period: A New Rurality?" *Development & Change* 39, 6.

Keck, Margaret E., and Kathryn Sikkink. 1998. *Activists beyond Borders: Advocacy Networks in International Politics*. Ithaca: Cornell University Press.

Lenin, Vladimir Ilyich. 1964. *The Development of Capitalism in Russia, 4th ed., Collected Works*, Vol. 3. Moscow: Progress Publishers.

Paige, Jeffrey. 1975. *Agrarian Revolution: Social Movements and Export Agriculture in the Underdeveloped World*. New York: Free Press.

Pattenden, Jonathan. 2005. "Trickle-Down Solidarity, Globalisation and Dynamics of Social Transformation in a South Indian Village." *Economic and Political Weekly* 40,19.

Roseberry, William. 1993. "Beyond the Agrarian Question in Latin America." In Frederick Cooper, Allen F. Isaacman, Florencia E. Mallon, William Roseberry, and Steve J. Stern (eds.). *Confronting Historical Paradigms: Peasants, Labor, and the Capitalist World System in Africa and Latin America*. Madison: University of Wisconsin Press.

Rosset, Peter and María Elena Martínez-Torres. 2005. Participatory Evaluation of La Vía Campesina. Oslo: Norwegian Development Fund. <http://www.norad.no/en/tools-and-publications/publications/reviews-from-organisations/publication?key=117349>.

Scoones, Ian (ed.). 2010. *Zimbabwe's Land Reform: Myths and Realities*. Martlesham, Suffolk, UK: James Currey.

Shanin, Teodor. 2009. "Chayanov's Treble Death and Tenuous Resurrection: An Essay about Understanding, about Roots of Plausibility and about Rural Russia." *Journal of Peasant Studies* 36, 1.

_____. 1972. *The Awkward Class. Political Sociology of Peasantry in a Developing Society: Russia 1910-1925*. Oxford: Clarendon Press.

Van der Ploeg, Jan Douwe. 2013. *Peasants and the Art of Farming: A Chayanovian Manifesto*. Halifax: Fernwood.

_____. 2008. *The New Peasantries: Struggles for Autonomy and Sustainability in an Era of Empire and Globalization*. London: Earthscan.

Vía Campesina. 2012. *Las campesinas y los campesinos de La Vía Campesina dicen: ¡Basta de violencia contra las mujeres!* Brasilia: Secretaría Operativa de La Vía Campesina Sudamérica.

Vilar, Pierre. 1998. "Reflections on the Notion of 'Peasant Economy.'" *Review* (Fernand Braudel Center) 21, 2.

White, Ben. 2011. Who Will Own the Countryside? Dispossession, Rural Youth and the Future of Farming. The Hague: Institute of Social Studies. <http://www.iss.nl/fileadmin/ASSETS/iss/Documents/Speeches_Lectures/Ben_White_valedictory_web.pdf>.

Wiebe, Nettie. 2013. "Women of La Via Campesina: Creating and Occupying our Rightful Spaces." In *La Via Campesina's Open Book: Celebrating 20 Years of Struggle and Hope*. Jakarta: La Via Campesina. <http://viacampesina.org/downloads/pdf/openbooks/EN-01.pdf>.

Wolf, Eric R. 1969. *Peasant Wars of the Twentieth Century*. New York: Harper & Row.

_____. 1966. *Peasants*. Englewood Cliffs, N.J.: Prentice-Hall.

［第3章］

AgBioWorld. 2010. AgBioView Archives, 30 November. <http://www.agbioworld.org/newsletter_wm/index.php?caseid=archive&newsid=3028>.

Alonso-Fradejas, A., S.M. Borras, Jr., T. Holmes, E. Holt-Giménez, and M.J. Robbins. 2015. "Food Sovereignty: Convergence and Contradictions, Conditions and Challenges." *Third World Quarterly* 36, 3.

APC (Asian Peasant Coalition). 2014. "The Asian Peasant Coalition (APC)." <http://www.asianpeasant.org/content/asian-peasant-coalition-apc>.

Assadi, Muzaffar. 1994. "'Khadi Curtain', 'Weak Capitalism' and 'Operation Ryot': Some Ambiguities in Farmers' Discourse, Karnataka and Maharashtra 1980–93." *Journal of Peasant Studies* 21, 3-4.

Balleti, Brenda, Tamara Johnson and Wendy Wolford. 2008. "'Late Mobilization': Transnational Peasant Networks and Grassroots Organizing in Brazil and South Africa." *Journal of Agrarian Change* 8, 2-3.

Borras, Saturnino Jr and Jennifer C. Franco. 2009. "Transnational Agrarian Movements Struggling for Land and Citizenship Rights." *IDS Working Papers Series* 323.

Borras, Saturnino Jr. Jennifer Franco and Chunyu Wang. 2013. "The Challenge of Global Governance of Land Grabbing: Changing International Agricultural Context and Competing Political Views and Strategies." *Globalizations* 10, 1.

Brent, Zoe W., Christina M. Schiavoni, and Alberto Alonso-Fradejas. 2015. "Contextualising Food Sovereignty: The Politics of Convergence among Movements in the USA." *Third World Quarterly* 36, 3.

CNA (Confederação da Agricultura e Pecuária do Brasil). 2009. "IFAP em Davos: Presidente Ajay Vashee coloca Agricultores na Agenda." Canal do Produtor Notícias CNA, 11 February. <http://www.canaldoprodutor.com.br/comunicacao/noticias/ifap-em-davos-presidente-ajay-vashee-coloca-agricultores-na-agenda>.

Desmarais, Annette. 2007. *La Via Campesina: Globalization and the Power of Peasants*. Halifax: Fernwood; London: Pluto.

_____. 2003. "The WTO… Will Meet Somewhere, Sometime. And We Will Be There!" Ottawa: North-South Institute.

Edelman, Marc. 2003. "Transnational Peasant and Farmer Movements and Networks." In M. Kaldor, H. Anheier and M. Glasius (eds.). *Global Civil Society 2003*. Oxford: Oxford University Press.

Edelman, Marc, Tony Weis, Amita Baviskar, Saturnino M. Borras Jr., Eric Holt-Gimenez, Deniz Kandiyoti, and Wendy Wolford. 2014. "Critical Perspectives on Food Sovereignty." *Journal of Peasant Studies* 41, 6.

FAO (U.N. Food and Agriculture Organization). 2008. "The State of Food and Agriculture 2008: Biofuels: Prospects, Risks and Opportunities." Rome: FAO. <http://www.fao.org/docrep/011/i0100e/i0100e00.htm>.

Gaventa, John, and Rajesh Tandon. 2010. *Globalising Citizens: New Dynamics of Inclusion and Exclusion*. London: Zed.

Hall, Ruth. 2012. "The Next Great Trek? South African Commercial Farmers Move North." *Journal of Peasant Studies* 39, 3-4.

Holt Giménez, Eric, and Annie Shattuck. 2011. "Food Crises, Food Regimes and Food Movements: Rumblings of Reform or Tides of Transformation?" *Journal of Peasant Studies* 38,1.

IFAP (International Federation of Agricultural Producers). 2009. "About IFAP." <ifap.org/en/about/

aboutifap.html>.
International conference. 2010. "Ajay Vashee — Speaker Profile." International Conference on Animal Welfare Education: Everyone is Responsible, Brussels, 1-2 October. Proceedings. <http://ec.europa.eu/food/animal/welfare/seminars/docs/2021012009_conf_global_trade_farm_animal_wel_speaker_profile_ajay_vashee.pdf>.
Martinez-Torres, Maria Elena and Peter Rosset. 2014. "Diálogo de saberes in La Vía Campesina: food sovereignty and agroecology." *Journal of Peasant Studies* 41, 6.
Monsalve, Sofia (ed.). 2013. "Grassroots Voices: The Human Rights Framework in Contemporary Agrarian Struggles." *Journal of Peasant Studies* 40, 1.
Patel, Raj (ed.). 2009. "Grassroots Voices: Food Sovereignty." *Journal of Peasant Studies* 36, 3.
208
Pattenden, Jonathan. 2005. "Trickle-Down Solidarity, Globalisation and Dynamics of Social Transformation in a South Indian Village." *Economic and Political Weekly* 40,19.
Robbins, Martha Jane. 2015. "Exploring the 'Localisation' Dimension of Food Sovereigntys." *Third World Quarterly* 36, 3.
Rosset, Peter (ed.). 2013. "Grassroots Voices: Re-thinking Agrarian Reform, Land and Territory in La Vía Campesina." *Journal of Peasant Studies* 40, 4.
Rosset, Peter and María Elena Martínez-Torres. 2005. Participatory Evaluation of La Vía Campesina. Oslo: Norwegian Development Fund. <http://www.norad.no/en/tools-and-publications/publications/reviews-from-organisations/publication?key=117349>.
SACAU. 2013. "Annual Report 2013." Pretoria: South African Confederation of Agricultural Unions. <http://www.sacau.org/wp-content/uploads/2014/04/sacau-version-3d_custom_version.pdf>.
Santos, Boaventura de Sousa. 2006. *The Rise of the Global Left: The World Social Forum and Beyond.* London: Zed.
Schiavoni, Christina. 2009. "The Global Struggle for Food Sovereignty: From Nyéléni to New York." *Journal of Peasant Studies* 36, 3.
Searchinger, Tim, and Ralph Heimlich. 2015. *Avoiding Bioenergy Competition for Food Crops and Land.* Washington, DC: World Resources Institute.
Seufert, Philip. 2013. "The FAO Voluntary Guidelines on the Responsible Governance of Tenure of Land, Fisheries and Forests." *Globalizations* 10, 1.
Shattuck, Annie, Christina M. Schiavoni, and Zoe VanGelder. 2015. "Translating the Politics of Food Sovereignty: Digging into Contradictions, Uncovering New Dimmensions." *Globalizations* 12, 4.
Tribunal de Grande Instance de Paris. 2010. Jugement du 04 Novembre 2010, Ouverture d'un liquidation judiciaire Regime General, Procedures Collectives No. RG 10/13970 Affaire: Federation Internationale des Producteurs Agricoles. Paris.
Tsing, Anna L. 2005. *Friction: An Ethnography of Global Connection.* New Jersey: Princeton University Press.
Vashee, Ajay. 2010. "Moving on from Copenhagen." New Agriculturist. January. <http://www.new-ag.info/en/view/point.php?a=1040>.
Vía Campesina. 2013. "La Via Campesina Demands an End to the WTO: Peasants Believe that the WTO Cannot Be Reformed or Turned Around." 6 December. <http://www.viacampesina.

org/en/index.php/actions-and-events-mainmenu-26/10-years-of-wto-is-enough-mainmenu-35/1538-la-via-campesina-demands-an-end-to-the-wto-peasants-believe-that-the-wto-cannot-be-reformed-or-turned-around>.

———. 2011. "The International Peasant's Voice." <http://viacampesina.org/en/index.php/organisation-mainmenu-44/what-is-la-via-campesina-mainmenu-45/1002-the-international-peasants-voice27>.

———. 1999. "Vía Campesina Sets Out Important Positions at World Bank Events." Vía Campesina Newsletter, 4 August. <http://ns.sdnhon.org.hn/miembros/via/carta4_en.htm>.

Welch, Clifford and Sergio Sauer. Forthcoming. "Rural Unions and the Struggle for Land in Brazil." *Journal of Peasant Studies.*

Western Producer. 2011. "International Federation of Agricultural Producers collapses." The Western Producer, March 2. <http://www.producer.com/daily/international-federation-of-agricultural-producers-collapses/>.

WFO (World Farmers' Organisation). 2014. "World Farmers' Organisation — About Us." <http://www.wfo-oma.com/about-wfo.html>.

World Bank. 2003. *Land Policies for Growth and Poverty Reduction.* Washington, DC: The World Bank.

World Bank–IEG. 2008. "The International Land Coalition." Washington, DC: World Bank–Independent Evaluation Group.

[第4章]

Altieri, Miguel A., and Victor Manuel Toledo. 2011. "The Agroecological Revolution in Latin America: Rescuing Nature, Ensuring Food Sovereignty and Empowering Peasants." *Journal of Peasant Studies* 38, 3.

Badstue, Lone B., Mauricio R. Bellon, Julien Berthaud, Alejandro Ramírez, Dagoberto Flores, and Xóchitl Juárez. 2007. "The Dynamics of Farmers' Maize Seed Supply Practices in the Central Valleys of Oaxaca, Mexico." *World Development* 35, 9.

Balleti, Brenda, Tamara Johnson and Wendy Wolford. 2008. "'Late Mobilization': Transnational Peasant Networks and Grassroots Organizing in Brazil and South Africa." *Journal of Agrarian Change* 8, 2-3.

Baskaran, Angathevar, and Rebecca Boden. 2006. "Globalization and the Commodification of Science." In Mammo Muchie and Li Xing (eds.), *Globalization, Inequality, and the Commodification of Life and Well-Being.* London: Adonis & Abbey.

Benford, Robert D. 1997. "An Insider's Critique of the Social Movement Framing Perspective." *Sociological Inquiry* 67, 4.

Boyer, Jefferson. 2010. "Food Security, Food Sovereignty, and Local Challenges for Transnational Agrarian Movements: The Honduras Case." *Journal of Peasant Studies* 37, 2.

Bunch, Roland. 1982. *Two Ears of Corn: A Guide to People-Centered Agricultural Improvement.* Oklahoma City: World Neighbors.

Burnett, Kim, and Sophia Murphy. 2014. "What Place for International Trade in Food Sovereignty?" *Journal of Peasant Studies* 41, 6.

Cadji, Anne-Laure. 2000. "Brazil's Landless Find Their Voice." *NACLA Report on the Americas* 33, 5.

Capitani, Riquieli. 2013. "ELAA forma terceira turma de Tecnólogos em Agroecologia." October 30. <http://escolalatinoamericanadeagroecologia.blogspot.com/2013/11/>.

Da Già, Elisa. 2012. "Seed Diversity, Farmers' Rights, and the Politics of Re-Peasantization." *International Journal of the Sociology of Agriculture & Food* 19, 2.

Desmarais, Annette. 2007. *La Via Campesina: Globalization and the Power of Peasants*. Halifax: Fernwood; London: Pluto.

Doran, Tom. 2013. "Study Puts Aging Farmer Population in Perspective." <AgriNews. November 26. http://agrinews-pubs.com/Content/Farm-Family-Life/Farm-Family-Life/Article/Study-puts--aging-farmer-population--in-perspective-/10/8/8911>.

Edelman, Marc. 2005. "When Networks Don't Work: The Rise and Fall and Rise of Civil Society Initiatives in Central America." In June C. Nash (ed.), *Social Movements: An Anthropological Reader*. Malden, MA: Blackwell.

———. 2003. "Transnational Peasant and Farmer Movements and Networks." In M. Kaldor, H. Anheier and M. Glasius (eds.), *Global Civil Society 2003*. Oxford: Oxford University Press.

———.1998. "Transnational Peasant Politics in Central America." *Latin American Research Review* 33, 3.

Fernandes, Bernardo Mançano. 2000. *A formação do MST no Brasil*. Petrópolis: Editora Vozes.

García Jiménez, Plutarco. 2011. "La Universidad Campesina: Una hazaña que comienza." *La Jornada*, August 20. <http://www.jornada.unam.mx/2011/08/20/hazana.html>

GFF. 2014. "1ère édition de l'Université Paysanne du ROPPA." Global Forum on Agricultural Research. <http://www.egfar.org/fr/news/imported/1-re-dition-de-luniversit-paysanne-du-roppa>.

Handy, Jim. 2009. "'Almost Idiotic Wretchedness': A Long History of Blaming Peasants." *Journal of Peasant Studies* 36, 2.

Herring, Ronald J. 2007. "Stealth Seeds: Bioproperty, Biosafety, Biopolitics." *Journal of Development Studies* 43,1.

Hindu Business Line. 2014. "Blaming Poor Returns, 61% Farmers Ready to Quit and Take up City Jobs: Survey." The Hindu Business Line, March 11. <http://www.thehindubusinessline.com/economy/blaming-poor-returns-61-farmers-ready-to-quit-and-take-up-city-jobs-survey/article5774306.ece>.

Holt-Giménez, Eric. 2006. *Campesino a Campesino: Voices from Latin America's Farmer to Farmer Movement for Sustainable Agriculture*. Oakland: Food First Books.

Hyde, Alexander R.P. 2014. Post-Corporate Capitalism? Counter-Culture and Hegemony in the Hudson River Valley. M.A. thesis. New York: Hunter College-CUNY.

IALAnoticias. 2014. "El IALA Paulo Freire auspicia juntamente con Alcaldía de oposición certámenes de Belleza en Barinas. Ni Maquillajes ni Incoherencias. Paulo Freire se respeta." 17 November. <https://web.archive.org/web/20150301161733/http://ialanoticias.blogspot.com/2014/11/el-iala-paulo-freire-auspicia.html>.

Kuntz, Marcel. 2012. "Destruction of Public and Governmental Experiments of GMO in Europe." *GM Crops & Food* 3, 4.

Malseed, Kevin. 2008. "Where There Is No Movement: Local Resistance and the Potential for

Solidarity." *Journal of Agrarian Change* 8, 2-3.

Martinez-Torres, Maria Elena and Peter Rosset. 2014. "Diálogo de saberes in La Vía Campesina: food sovereignty and agroecology." *Journal of Peasant Studies*, 41, 6.

O'Brien, Kevin and Lianjiang Li. 2006. *Rightful Resistance in Rural China.* Cambridge: Cambridge University Press.

Patel, Vikram, Chinthanie Ramasundarahettige, Lakshmi Vijayakumar, Js Thakur, Vendhan Gajalakshmi, Gopalkrishna Gururaj, Wilson Suraweera, and Prabhat Jha. 2012. "Suicide Mortality in India: A Nationally Representative Survey." *The Lancet* 379, 9834.

Pattenden, Jonathan. 2005. "Trickle-Down Solidarity, Globalisation and Dynamics of Social Transformation in a South Indian Village." *Economic and Political Weekly* 40,19.

Provost, Claire. 2013. "La Via Campesina Celebrates 20 Years of Standing Up for Food Sovereignty." The Guardian, June 17. <http://www.guardian.co.uk/global-development/poverty-matters/2013/jun/17/la-via-campesina-food-sovereignty>.

Rangel Loera, Nashieli. 2010. "'Encampment Time': An Anthropological Analysis of the Land Occupations in Brazil." *Journal of Peasant Studies* 37, 2.

Rubin, Jeffrey W. 2002. "From Che to Marcos: The Changing Grassroots Left in Latin America." *Dissent* 49, 3.

Scott, James C. 1985. *Weapons of the Weak: Everyday Forms of Peasant Resistance.* New Haven: Yale University Press.

Seligmann, Linda J. 2008. "Agrarian Reform and Peasant Studies: The Peruvian Case." In Deborah Poole (ed.), *A Companion to Latin American Anthropology.* Malden, MA: Blackwell.

Stédile, João Pedro. 2007. "The Class Struggles in Brazil: The Perspective of the MST. João Pedro Stédile Interviewed by Atilio Boron." In Leo Panitch and Colins Leys (eds.), *Global Flashpoints: Reactions to Imperialism and Neoliberalism, Socialist Register 2008.* London: Merlin Press.

Stephen, Lynn. 1997. *Women and Social Movements in Latin America: Power from Below.* Austin: University of Texas Press.

Stone, Glenn Davis. 2007. "Agricultural Deskilling and the Spread of Genetically Modified Cotton in Warangal." *Current Anthropology* 48,1.

Tarrow, Sidney. 1994. *Power in Movement: Social Movements, Collective Action, and Politics.* Cambridge: Cambridge University Press.

Tilly, Charles. 2002. *Stories, Identities, and Political Change.* Lanham, MD: Rowman & Littlefield.

Vía Campesina. 2013a. "La Via Campesina: Our Seeds, Our Future." Notebook La Via Campesina. Jakarta: La Via Campesina.

_____. 2013b. "La Via Campesina Demands an End to the WTO: Peasants Believe that the WTO Cannot Be Reformed or Turned Around." 6 December. <http://www.viacampesina.org/en/index.php/actions-and-events-mainmenu-26/10-years-of-wto-is-enough-mainmenu-35/1538-la-via-campesina-demands-an-end-to-the-wto-peasants-believe-that-the-wto-cannot-be-reformed-or-turned-around>.

_____. 2009. "Women: Gender Equity in La Via Campesina." In *La Via Campesina Policy Documents. 5th Conference, Mozambique, 16th to 23rd October, 2008.* Jakarta: Vía Campesina. <https://viacampesina.org/en/wp-content/uploads/sites/2/2010/03/BOOKLET-EN-FINAL-

min.pdf>.

―――. 1996. *La Vía Campesina: Proceedings from the II International Conference of the Vía Campesina, Tlaxcala, Mexico, April 18-21, 1996*. Brussels: NCOS Publications.

Visser, Oane, Natalia Mamonova, and Max Spoor. 2012. "Oligarchs, Megafarms and Land Reserves: Understanding Land Grabbing in Russia." *Journal of Peasant Studies* 39, 3-4.

Walker, Kathy LeMons. 2008. "From Covert to Overt: Everyday Peasant Politics in China and the Implications for Transnational Agrarian Movements." *Journal of Agrarian Change* 8, 2-3.

Wolford, Wendy. 2010. "Participatory Democracy by Default: Land Reform, Social Movements and the State in Brazil." *Journal of Peasant Studies* 37, 1.

［第 5 章］

Assadi, Muzaffar. 1994. "'Khadi Curtain', 'Weak Capitalism' and 'Operation Ryot': Some Ambiguities in Farmers' Discourse, Karnataka and Maharashtra 1980–93." *Journal of Peasant Studies* 21, 3-4.

Bachriadi, Dianto. 2010. Between Discourse and Action: Agrarian Reform and Rural Social Movements in Indonesia Post-1965. Ph.D. dissertation, Adelaide, South Australia: University of Flinders.

Baletti, Brenda, Tamara Johnson and Wendy Wolford. 2008. "'Late Mobilization': Transnational Peasant Networks and Grassroots Organizing in Brazil and South Africa." *Journal of Agrarian Change* 8, 2-3.

Bebbington, Anthony, Samuel Hickey and Diana Mitlin (eds.). 2008. *Can NGOs Make a Difference? The Challenge of Development Alternatives*. London: Zed.

Biekart, Kees and Martin Jelsma (eds.). 1994. *Peasants Beyond Protest in Central America*. Amsterdam: Transnational Institute.

Borras, Saturnino Jr. 2008. "Revisiting the Agrarian Movement–NGO Solidarity Discourse." *Dialectical Anthropology* 32, 3.

Campos, Wilson. 1994. "We Don't Need All Those NGOs: Interview with Wilson Campos." In Kees Biekart and Martin Jelsma (eds.), *Peasants Beyond Protest in Central America*. Amsterdam: Transnational Institute.

Carothers, Thomas, and Saskia Brechenmacher. 2014. *Closing Space: Democracy and Human Rights Support under Fire*. Washington, DC: Carnegie Endowment for International Peace.

Covington, Sally. 2005. "Moving Public Policy to the Right: The Strategic Philanthropy of Conservative Foundations." In Daniel Faber and Deborah McCarthy (eds.), *Foundations for Social Change: Critical Perspectives on Philanthropy and Popular Movements*. Lanham, MD: Rowman & Littlefield.

de Groot, Kees. 1998. "Holanda." In Christian Freres (ed.), *La cooperación de las sociedades civiles de la Unión Europea con América Latina*. Madrid: AIETI.

Deere, Carmen Diana and Frederick Royce. 2009. "Introduction: The Rise and Impact of National and Transnational Rural Social Movements in Latin America." In Carmen Diana Deere and Frederick S. Royce (eds.), *Rural Social Movements in Latin America: Organizing for Sustainable Livelihoods*. Gainesville: University Press of Florida.

Derksen, Harry and Pim Verhallen. 2008. "Reinventing International NGOs: A View From the

Dutch Co-Financing System." In Anthony Bebbington, Samuel Hickey and Diana Mitlin (eds.). *Can NGOs Make a Difference? The Challenge Of Development Alternatives.* London: Zed.

Edelman, Marc. 2008. "Transnational Organizing in Agrarian Central America: Histories, Challenges, Prospects." *Journal of Agrarian Change* 8, 2-3.

———. 2005. "When Networks Don't Work: The Rise and Fall and Rise of Civil Society Initiatives in Central America." In June C. Nash (ed.), *Social Movements: An Anthropological Reader.* Malden, MA: Blackwell.

———. 1997. "'Campesinos' and 'Técnicos': New Peasant Intellectuals in Central American Politics." In Barbara Ching and Gerald W. Creed (eds.), Knowing Your Place: Rural Identity and Cultural Hierarchy. New York: Routledge.

Edwards, Michael and David Hulme. 1995. "NGO Performance and Accountability: Introduction and Overview." In Michael Edwards and David Hulme (eds.). *Non-Governmental Organisations— Performance and Accountability.* London: Earthscan.

Fox, Jonathan. 1993. *The Politics of Food in Mexico: State Power and Social Mobilization.* Ithaca: Cornell University Press.

Gill, Lesley. 2000. *Teetering on the Rim: Global Restructuring, Daily Life, and the Armed Retreat of the Bolivian State.* New York: Columbia University Press.

Greenberg, Stephen. 2004. "The Landless People's Movement and the Failure of Post-apartheid Land Reform." Durban: University of KwaZulu-Natal.

Hellman, Judith Adler. 1992. "The Study of New Social Movements in Latin America and the Question of Autonomy." In Arturo Escobar and Sonia. Alvarez (eds.), *The Making of Social Movements in Latin America: Identity, Strategy and Democracy.* Boulder, CO: Westview Press.

Huizer, Gerrit. 1972. *The Revolutionary Potential of Peasants in Latin America.* Lexington, MA: Lexington Books.

Hussain, Athar, and Keith Tribe. 1981. *Marxism and the Agrarian Question, Volume 1, German Social Democracy and the Peasantry 1890-1907.* Atlantic Highlands, NJ: Humanities Press.

Kerkvliet, Benedict. 2009. "Everyday Politics in Peasant Societies (And Ours)." *Journal of Peasant Studies,* 39, 1.

———. 2005. *The Power of Everyday Politics: How Vietnamese Peasants Transformed National Policy.* Ithaca, N.Y.: Cornell University Press.

Macdonald, Laura. 1997. *Supporting Civil Society: The Political Role of Non-Governmental Organizations in Central America.* New York: St. Martin's Press.

Minbuza. 2009. *Maatgesneden Monitoring 'Het Verhaal achter de cijfers': Beperktebeleidsdoorichting Medefinancieringsstelsel 2007-2010.* The Hague: Minbuza.

Moyo, Sam and Paris Yeros (eds.). 2005. *Reclaiming the Land: The Resurgence of Rural Movements in Africa, Asia and Latin America.* London. Zed.

O'Brien, Kevin. 2013. "Rightful Resistance Revisited." *Journal of Peasant Studies,* 40,6.

O'Brien, Kevin and Lianjiang Li. 2006. *Rightful Resistance in Rural China.* Cambridge: Cambridge University Press.

OECD (Organization for Economic Cooperation and Development). 2014. "Aid to Developing Countries Rebounds in 2013 to Reach an All-Time High." OECD Newsroom, <http://www.

oecd.org/newsroom/aid-to-developing-countries-rebounds-in-2013-to-reach-an-all-time-high.htm>.

Paige, Jeffrey. 1975. *Agrarian Revolution: Social Movements and Export Agriculture in the Underdeveloped World*. New York: Free Press.

Petras, James and Henry Veltmeyer. 2001. *Globalization Unmasked: Imperialism in the 21st Century*. London: Zed.

Popkin, Samuel. 1979. *The Rational Peasant: The Political Economy of Rural Society in Vietnam*. Berkeley: University of California Press.

Putzel, James. 1995. "Managing the 'Main Force': The Communist Party and the Peasantry in the Philippines." *Journal of Peasant Studies* 22, 4.

Scott, James C. 1990. *Domination and the Arts of Resistance: Hidden Transcripts*. New Haven: Yale University Press.

――――. 1985. *Weapons of the Weak: Everyday Forms of Peasant Resistance*. New Haven: Yale University Press.

――――. 1976. *The Moral Economy of the Peasant: Rebellion and Subsistence in Southeast Asia*. New Haven: Yale University Press.

Smillie, Ian. 1995. "Painting Canadian Roses Red." In Michael Edwards and David Hulme (eds.). *Non-Governmental Organisations: Performance and Accountability*. London: Earthscan.

Tarrow, Sidney. 2005. *The New Transnational Activism*. Cambridge: Cambridge University Press.

Thorner, Daniel. 1986 [1966]. "Chayanov's Concept of Peasant Economy." In A.V. Chayanov, *The Theory of Peasant Economy*. Madison: University of Wisconsin Press.

Wolf, Eric R. 1969. *Peasant Wars of the Twentieth Century*. New York: Harper & Row.

[第6章]

Bachriadi, Dianto. 2010. Between Discourse and Action: Agrarian Reform and Rural Social Movements in Indonesia Post-1965. PhD dissertation, Adelaide, South Australia: University of Flinders.

Borras, Saturnino Jr. Jennifer Franco and Wang Chunyu. 2013. "The Challenge of Global Governance of Land Grabbing: Changing International Agricultural Context and Competing Political Views and Strategies." *Globalizations* 10, 1.

Brem-Wilson, Josh. 2015. "Towards Food Sovereignty: Interrogating Peasant Voice in the United Nations Committee on World Food Security." *Journal of Peasant Studies* 42, 1.

Bruno, Kenny, and Joshua Karliner. 2002. *Earthsummit.biz: The Corporate Takeover of Sustainable Development*. Oakland: Food First Books.

CETIM, WFDY, and Via Campesina. 2001. "The Opening of the Agricultural Markets and Their Consequences for the Peasants of the South." Geneva: CETIM Centre Europe-Tiers Monde.

CFS (World Committee on Food Security and Nutrition). 2012. "Voluntary Guidelines on the Responsible Governance of Tenure of Land, Fisheries and Forests in the Context of National Food Security." Rome: FAO. <http://www.fao.org/docrep/016/i2801e/i2801e.pdf>.

Claeys, Priscilla. 2013. "From Food Sovereignty to Peasants' Rights: An Overview of Via Campesina's Struggle for New Human Rights." in *La Via Campesina's Open Book: Celebrating 20 Years of*

Struggle and Hope. Jakarta: Via Campesina. <http://viacampesina.org/downloads/pdf/openbooks/EN-02.pdf>.

Cliffe, Lionel, Jocelyn Alexander, Ben Cousins & Rudo Gaidzanwa (eds.). 2011. "Fast-Track Land Reform in Zimbabwe." *Journal of Peasant Studies* 38, 5.

Coca-Cola. 2013. "The Coca-Cola Company Commitment: Land Rights and Sugar." <http://assets.coca-colacompany.com/6b/65/7f0d386040fcb4872fa136f05c5c/proposal-to-oxfam-on-land-tenure-and-sugar.pdf>.

Edelman, Marc. 2014. "Linking the Rights of Peasants to the Rights to Food in the United Nations." *Law, Culture and the Humanities* 10, 2.

Edelman, Marc and Carwil James. 2011. "Peasants' rights and the UN system: quixotic struggle? Or emancipatory idea whose time has come?" *Journal of Peasant Studies* 38, 1.

FAO (U.N. Food and Agriculture Organization). 2013. "FAO Will Cooperate with La Via Campesina, the Largest Movement of Small-Scale Food Producers in the World." October 4. <http://www.fao.org/news/story/en/item/201824/icode/>.

_____. 2006. "Evaluation Brief 4: Evaluation of FAO's Cross-organizational Strategy on Broadening Partnerships and Alliances." Rome: FAO.

Fox, Jonathan. 2005. "Unpacking Transnational Citizenship." *Annual Review of Political Science* 8.

_____. 2003. "Framing the Inspection Panel." In Dana Clark, Jonathan Fox and Kay Treacle (eds.), *Demanding Accountability: Civil-Society Claims and the World Bank Inspection Panel*. Lanham: Rowman & Littlefield.

_____. 2001. "Vertically Integrated Policy Monitoring: A Tool for Civil Society Policy Advocacy." *Nonprofit and Voluntary Sector Quarterly* 30, 3.

_____. 1993. *The Politics of Food in Mexico: State Power and Social Mobilization*. Ithaca: Cornell University Press.

Fox, Jonathan and L. David Brown (eds). 1998. *The Struggle for Accountability: The World Bank, NGOs and Grassroots Movements*. Cambridge, MA: MIT Press.

Franco, Jennifer. 2014. "Reclaiming Free Prior and Informed Consent (FPIC) in the context of global land grabs." Amsterdam: Transnational Institute. <https://www.tni.org/files/download/reclaiming_fpic_0.pdf>.

Franco, Jennifer, Lyla Mehta, and Gert Jan Veldwisch. 2013. "The Global Politics of Water Grabbing." *Third World Quarterly* 34, 9.

Gaventa, John, and Rajesh Tandon. 2010. *Globalising Citizens: New Dynamics of Inclusion and Exclusion*. London: Zed.

Grindle, Merilee. 1986. *State and Countryside: Development Policy and Agrarian Politics in Latin America*. Baltimore: Johns Hopkins University Press.

Harvey, Neil. 1998. *The Chiapas Rebellion: The Struggle for Land and Democracy*. Durham: Duke University Press.

Henry, James S. 2012. *The Price of Offshore Revisited: New Estimates for "Missing" Global Private Wealth, Income, Inequality, and Lost Taxes*. Chesham, UK: Tax Justice Network.

Hopkins, Raúl, Francesca Carpano, and Veruschka Zilveti. 2006. "Securing Access to Land to Reduce Rural Poverty: The Experience of IFAD in Latin America and the Caribbean." Paper presented at the International Conference on Land, Poverty, Social Justice and Development, Institute of Social Studies, The Hague, 12-14 January.

IAASTD. 2009. *Agriculture at a Crossroads: Global Report*. Washington, D.C.: International Assessment of Agricultural Knowledge, Science and Technology for Development & Island Press.

ICARRD. 2006. "Report of the International Conference on Agrarian Reform and Rural Development." Porto Alegre, Brazil. <http://www.agter.asso.fr/IMG/pdf/ICARRD_final_report_En.pdf>.

IFAD. 2008. "Report of the Global Meeting of the Farmers' Forum." IFSD. <http://www.ifad.org/farmer/2008/report2008_web.pdf>.

―――. 2006. "Innovation Challenges for the Rural Poor." Issues Paper GC29/L.13. IFAD. <https://webapps.ifad.org/members/gc/29/docs/GC-29-L-13.pdf>.

―――. 2005. "Towards a Farmers' Forum at IFAD's Governing Council." February 14. <http://www.ifad.org/events/gc/29/farmer/report.pdf>.

Kay, Cristóbal. 2006. "Rural Poverty and Development Strategies in Latin America." *Journal of Agrarian Change* 6, 4.

Keck, Margaret E., and Kathryn Sikkink. 1998. *Activists beyond Borders: Advocacy Networks in International Politics*. Ithaca: Cornell University Press.

Keohane, Robert and Joseph S. Nye Jr. 2000. "Introduction." In Joseph S. Nye, Jr. and John D. Donahue (eds.), *Governance for the 21st Century*. Washington, DC: Brookings Institution.

Kerkvliet, Benedict. 2005. *The Power of Everyday Politics: How Vietnamese Peasants Transformed National Policy*. Ithaca, N.Y.: Cornell University Press.

León, Osvaldo. 2014. "World-Wide Popular Movements to Meet with the Pope." ALAI, América Latina en Movimiento, October 25. <http://alainet.org/active/78291>.

Lucas, Anton, and Carol Warren. 2003. "The State, the People, and Their Mediators: The Struggle over Agrarian Law Reform in Post-New Order Indonesia." Indonesia 76, Southeast Asia Program Publications at Cornell University.

McKeon, Nora. 2013. "'One Does Not Sell the Land Upon Which the People Walk': Land Grabbing, Transnational Rural Social Movements, and Global Governance." *Globalizations* 10,1.

―――. 2009. *The United Nations and Civil Society Legitimating Global Governance: Whose Voice?* London: Zed.

Moore, Barrington Jr. 1966. *Social Origins of Dictatorship and Democracy: Lord and Peasant in the Modern World*. Boston: Beacon Press.

O'Brien, Robert, Anne Marie Goetz, Jan Aart Scholte and Marc Williams. 2000. *Contesting Global Governance: Multilateral Economic Institutions and Global Social Movements*. Cambridge: Cambridge University Press.

O'Brien, Kevin and Lianjiang Li. 2006. *Rightful Resistance in Rural China*. Cambridge: Cambridge University Press.

Oliveira, Deived, 2013. "Papa e MST: Stédile e Papa Francisco conversaram sobre o quê?" Rome. <https://www.youtube.com/watch?v=vP8tuPcY5bY>.

Pianta, Mario. 2001. "Parallel Summits of Global Civil Society." In Helmut Anheier, Marlies Glasius and Mary Kaldor (eds.), *Global Civil Society 2001*. Oxford: Oxford University Press.

Rosset, Peter and María Elena Martínez-Torres. 2005. Participatory Evaluation of La Vía Campesina. Oslo: Norwegian Development Fund. <http://www.norad.no/en/tools-and-publications/publications/reviews-from-organisations/publication?key=117349>.

Sauvinet-Bedouin, Rachel, Nigel Nicholson and Carlos Tarazona. 2005. "Evaluation of FAO's Cross-Organizational Strategy Broadening Partnership and Alliances." Rome: FAO.

Scholte, Jan Aart. 2002. "Civil Society and Democracy in Global Governance." In Rorden Wilkinson (ed.), *The Global Governance Reader*. London: Routledge.

Scoones, Ian. 2009. "The Politics of Global Assessments: The Case of the International Assessment of Agricultural Knowledge, Science and Technology for Development (IAASTD)." *Journal of Peasant Studies* 36, 3.

Scott, James C. 2009. *The Art of Not Being Governed: An Anarchist History of Upland Southeast Asia*. New Haven: Yale University Press.

———. 1998. *Seeing Like a State: How Certain Schemes to Improve the Human Condition Have Failed*. New Haven: Yale University Press.

———. 1990. *Domination and the Arts of Resistance: Hidden Transcripts*. New Haven: Yale University Press.

———. 1985. *Weapons of the Weak: Everyday Forms of Peasant Resistance*. New Haven: Yale University Press.

———. 1976. *The Moral Economy of the Peasant: Rebellion and Subsistence in Southeast Asia*. New Haven: Yale University Press.

Seufert, Philip. 2013. "The FAO Voluntary Guidelines on the Responsible Governance of Tenure of Land, Fisheries and Forests." *Globalizations* 10, 1.

Streets, Julia and Kristina Thomsen. 2009. "Global Landscape: A Review of International Partnership Trends." Berlin: Global Public Policy Institute.

UNHRC Advisory Committee. 2012. "Final study of the Human Rights Council Advisory Committee on the Advancement of the Rights of Peasants and Other People Working in Rural Areas A/HRC/AC/8/6." <http://ap.ohchr.org/documents/dpage_e.aspx?si=A/HRC/AC/8/6>.

Van Rooy, Alison. 2004. *The Global Legitimacy Game: Civil Society, Globalization and Protest*. New York: Palgrave Macmillan.

Vía Campesina. 2004. "Debate on Our Political Positions and Lines of Actions: Issues proposed by the ICC-Vía Campesina for regional and national discussion in preparation for the IV Conference." In IV International Vía Campesina Conference: Themes and Issues for Discussion.

———. 2002. *Peasant rights-Droits paysans-Derechos campesinos*. Jakarta: Vía Campesina. <http://www.viacampesina.org/main_en/images/stories/pdf/peasant-rights-en.pdf>.

———. 1999. "Vía Campesina Sets Out Important Positions at World Bank Events." *Vía Campesina Newsletter*, 4 August. http://ns.sdnhon.org.hn/miembros/via/carta4_en.htm.

Wijeratna, Alex. 2012. "The Committee on World Food Security (CFS): A Guide for Civil Society." Rome: Civil Society Mechanism. <http://www.csm4cfs.org/files/Pagine/1/csm_cfsguide_finalapr2012.pdf>.

Willetts, Peter. 2006. "The Cardoso Report on the UN and Civil Society: Functionalism, Global

Corporatism, or Global Democracy?" *Global Governance* 12, 3.

Wolford, Wendy. 2010. *This Land is Ours Now: Social Mobilization and the Meanings of Land in Brazil.* Durham, NC: Duke University Press.

World Bank. 2003. *Land Policies for Growth and Poverty Reduction.* Washington, DC: The World Bank.

Yeh, Emily, Kevin O'Brien and Ye Jingzhong (eds.). 2013. "Rural Politics in Contemporary China." *Journal of Peasant Studies* 40, 6.

［第 7 章］

Bittman, Mark. 2014. "Parasites, Killing Their Host: The Food Industrys' Solutions to Obesuty." *The New York Times,* June 18.

Fabrini, João E. 2015. "Sem-Terra: da centralidade da luta pela terra à luta por políticas públicas." *Boletim Dataluta* 86.

GRAIN. 2014. "Hungry for Land: Small Farmers Feed the World with Less than a Quarter of All Farmland." May 28. <https://www.grain.org/article/entries/4929-hungry-for-land-small-farmers-feed-the-world-with-less-than-a-quarter-of-all-farmland>.

IAASTD. 2009. *Agriculture at a Crossroads: Global Report.* Washington, D.C.: International Assessment of Agricultural Knowledge, Science and Technology for Development & Island Press.

Martinez-Torres, Maria Elena and Peter Rosset. 2010. "La Vía Campesina: The Birth and Evolution of a Transnational Social Movement." *Journal of Peasant Studies* 37,1.

Vía Campesina. 2009. "Women: Gender Equity in La Via Campesina." In *La Via Campesina Policy Documents. 5th Conference, Mozambique, 16th to 23rd October, 2008.* Jakarta: Vía Campesina. <https://viacampesina.org/en/wp-content/uploads/sites/2/2010/03/BOOKLET-EN-FINAL-min.pdf>.

［監修］
ICAS（Initiatives in Critical Agrarian Studies）日本語シリーズ監修チーム
池上甲一（近畿大学名誉教授）
久野秀二（京都大学大学院経済学研究科教授）
舩田クラーセンさやか（明治学院大学国際平和研究所研究員）
西川芳昭（龍谷大学経済学部教授）
小林　舞（総合地球環境学研究所研究員）

［監訳者］
舩田クラーセンさやか（ふなだ・くらーせん・さやか）
明治学院大学国際平和研究所研究員
博士（津田塾大学、国際関係学）
国連平和維持活動（ONUMOZ）、津田塾大学国際関係研究所、東京外国語大学大学院准教授（2015年まで）を経て現職。アフリカの戦争と平和に関する研究および教育に従事してきたが、2000年より世界の小農運動や市民社会とともに、食と農の問題に取り組み始める。2014年よりICASグループとの協働を始め、日本と世界の研究者と市民社会をつなぐ活動に携わる。
主著に『モザンビーク解放闘争史』（御茶の水書房、2007：日本アフリカ学会研究奨励賞）、共著に *The Japanese in Latin America*（Illinois University Press: 2004）、『解放と暴力〜植民地支配とアフリカの現在』（東京大学出版会、2018）、編著に『アフリカ学入門』（明石書店、2010）ほか。

［訳者］
岡田ロマンアルカラ佳奈（おかだ・ろまんあるから・かな）
フリーランス研究者
修士（東京大学大学院、エラスムス大学大学院）
専門はアグロエコロジー、種子システム、生物多様性。米国と日本で在来種保護、都市農業、伝統農法の継承、食料政策形成に関する講演、通訳、執筆を行う。米国カリフォルニア・バークレー在住。

この本の翻訳は、人間文化研究機構総合地球環境学研究所のプロジェクト（FEASTプロジェクト No. 14200116）の一環として行われました。
This research was supported by Research Institute for Humanity and Nature (RIHN : a constituent member of NIHU), FEAST Project (No.14200116).

［著者］
マーク・エデルマン（Marc Edelman）
ニューヨーク市立大学ハンターカレッジ・大学院センター教授（文化人類学）
博士（コロンビア大学、文化人類学）
イェール大学准教授を経て1994年からニューヨーク市立大学に在籍。ラテンアメリカ研究、文化人類学、農をめぐる研究（小農研究を含む）の世界的な第一人者。2013年の国連人権理事会「小農と農村で働く人びとの権利に関する国連宣言に関する政府間作業部会」の第1回セッションで「小農」の定義について報告を行っている。
主著に、Peasants Against Globalization: Rural Social Movements in Costa Rica（Stanford University Press, 1999; Society for Economic Anthropology 出版賞）、The Logic of the Latifundio: The Large Estates of Northwestern Costa Rica since the Late Nineteenth Century（Stanford University Press, 1992）ほか。

サトゥルニーノ・ボラス・Jr.（Saturnino M. Borras, Jr.）
エラスムス大学ロッテルダム・社会科学国際研究所（ISS）教授
フィリピン出身。博士（ISS、開発学）
カナダ聖マリア大学国際開発センター長ならびに助教授を経て、2011年からISSに在籍。Journal of Peasants Studies 編集長。フードレジーム論、食の主権、土地収奪などの土地問題、小農運動などの研究や議論をリードしてきた。「研究と社会活動の融合」を掲げ、国境を越える農民運動ビア・カンペシーナの設立に尽力したほか、TNI（トランスナショナル研究所）の研究員も務める。本シリーズの起案者であり、ICASの創設・主宰者。
主著に、Competing Views and Strategies on Agrarian Reform, vol. 1: International Perspective（University of Hawaii Press, 2008; National Book Award（Social Sciences）, Philippines, 2009）、Pro-Poor Land Reform: A Critique（University of Ottawa Press, 2007）ほか。

グローバル時代の食と農2
国境を越える農民運動
——世界を変える草の根のダイナミクス

2018年11月20日　初版第1刷発行

監　修	ICAS日本語シリーズ監修チーム
著　者	マーク・エデルマン
	サトゥルニーノ・ボラス・Jr.
監訳者	舩田クラーセンさやか
訳　者	岡田ロマンアルカラ佳奈
発行者	大江道雅
発行所	株式会社 明石書店

〒101-0021東京都千代田区外神田6-9-5
電　話　03 (5818) 1171
Ｆ Ａ Ｘ　03 (5818) 1174
振　替　00100-7-24505
http://www.akashi.co.jp

組版／装丁　明石書店デザイン室
印刷／製本　日経印刷株式会社

（定価はカバーに表示してあります）　　　　　ISBN978-4-7503-4745-5

ビッグヒストリー
われわれはどこから来て、どこへ行くのか
宇宙開闢から138億年の「人間」史

デヴィッド・クリスチャン、シンシア・ストークス・ブラウン、
クレイグ・ベンジャミン [著]

長沼 毅 [日本語版監修]

石井克弥、竹田純子、中川 泉 [訳]

◎A4判変型／並製／424頁　◎3,700円

最新の科学の成果に基づいて138億年前のビッグバンから未来にわたる長大な時間の中に「人間」の歴史を位置づけ、それを複雑さが増大する「8つのスレッショルド(大跳躍)」という視点を軸に読み解いていく。
「文理融合」の全く新しい歴史書!

《内容構成》

序章	ビッグヒストリーの概要と学び方
第1章	第1・第2・第3スレッショルド：宇宙、恒星、新たな化学元素
第2章	第4スレッショルド：太陽、太陽系、地球の誕生
第3章	第5スレッショルド：生命の誕生
第4章	第6スレッショルド：ホミニン、人間、旧石器時代
第5章	第7スレッショルド：農業の起源と初期農耕時代
第6章	小スレッショルドを経て：都市、国家、農耕文明の出現
第7章	パート1　農耕文明時代のアフロユーラシア
第8章	パート2　農耕文明時代のアフロユーラシア
第9章	パート3　農耕文明時代のその他のワールドゾーン
第10章	スレッショルド直前：近代革命に向けて
第11章	第8のスレッショルドに歩み入る：モダニティ(現代性)へのブレークスルー
第12章	アントロポシーン：グローバリゼーション、成長と持続可能性
第13章	さらなるスレッショルド？：未来のヒストリー

「ビッグヒストリー」を味わい尽す [長沼毅]

〈価格は本体価格です〉

開発社会学を学ぶための60冊
援助と発展を根本から考えよう

佐藤寛、浜本篤史、佐野麻由子、滝村卓司 編著

■A5判／並製／248頁　◎2800円

開発社会学の基礎的文献60冊を紹介するブックガイド。8つのテーマに分けて文献を選び、基礎的な知識、ものの見方を紹介する。各書籍には関連文献などを挙げ、さらに学びたい人にも役立つ構成。学生から開発業界に携わる実務者まで幅広く使える、必携の「開発社会学」案内。

● 内容構成 ●

はじめに——開発社会学の世界へようこそ！
第Ⅰ章　進化・発展、近代化をめぐる社会学
第Ⅱ章　途上国の開発と援助論
第Ⅲ章　援助行為の本質の捉え直し
第Ⅳ章　押し寄せる力と押しとどめる力
第Ⅴ章　都市・農村の貧困の把握
第Ⅵ章　差別や社会的排除を生み出すマクロ－ミクロな社会構造
第Ⅶ章　人々の福祉向上のための開発実践
第Ⅷ章　目にみえない資源の活用

開発政治学を学ぶための61冊
開発途上国のガバナンス理解のために

木村宏恒 監修　稲田十一、小山田英治、金丸裕志、杉浦功一 編著

■A5判／並製／296頁　◎2800円

いまや「良い統治」をどう実現するかは開発の焦点であり、開発の世界で焦点となったガバナンス（統治）を、政治学的に位置づけたものが開発政治学である。開発は国づくりであり、国をつくるのは政治であるという「開発の基本」を政治学の各分野と関連する61冊の本の紹介を通じて理解する新たな視点の概説書。

● 内容構成 ●

はじめに——国際開発学と開発政治学
第Ⅰ部　現代世界と途上国開発
第Ⅱ部　途上国開発における国家の役割
第Ⅲ部　開発のための国家運営
第Ⅳ部　開発を取り巻く政治過程
第Ⅴ部　開発への国際関与

〈価格は本体価格です〉

医療人類学を学ぶための60冊
医療を通して「当たり前」を問い直そう

澤野美智子 編著 ■A5判／並製／240頁 ◎2800円

文化人類学の一領域であり、一方で患者への治療やケアに直接結びつく医学・看護学の側面ももつ「医療人類学」。その全体像をつかむための必読書やお薦めの本を60冊選んで紹介するブックガイド。近年重視されるQOLのあり方を考えるためにも役に立つ一冊。

●内容構成●
- 第Ⅰ章　医療人類学ことはじめ——中高生から読める本
- 第Ⅱ章　身体観と病気観
- 第Ⅲ章　病気の文化的側面と患者の語り
- 第Ⅳ章　病院とコミュニティ
- 第Ⅴ章　歴史からのアプローチ
- 第Ⅵ章　心をめぐる医療
- 第Ⅶ章　女性の身体とリプロダクション
- 第Ⅷ章　さまざまなフィールドから——医療人類学の民族誌

名古屋大学 環境学叢書 5
持続可能な未来のための知恵とわざ
——ローマクラブメンバーとノーベル賞受賞者の対話

林 良嗣・中村秀規［編］ ◎2500円 A5判／上製／144頁

世界の重大事項を扱いレポートを刊行しているローマクラブ共同会長のエルンスト・フォン・ワイツゼッカー、同クラブフルメンバーの林良嗣、小宮山宏に加え、ノーベル賞受賞者の赤崎勇、天野浩が集い、持続可能な未来のための科学技術について議論する。

●内容構成●

《第1部　記念講演》
- はしがき　［林良嗣］
- エルンスト・フォン・ワイツゼッカー博士への名古屋大学名誉博士称号授与の言葉　［松尾清一］
- ローマクラブからの新たなメッセージ　［エルンスト・フォン・ワイツゼッカー］
- ローマクラブに参画して　［林良嗣］

《第2部　トークセッション》
- 持続可能な未来のための知恵とわざ　［エルンスト・フォン・ワイツゼッカー×小宮山宏×天野浩×林良嗣×赤崎勇］
- 名古屋大学での思い出と青色発光ダイオードの実現　［赤崎勇］
- 21世紀のビジョン「プラチナ社会」　［小宮山宏］
- ローマクラブと持続可能な社会——ハピネスを探して　［林良嗣×丸山一平］

〈価格は本体価格です〉

持続性学 自然と文明の未来バランス
林良嗣、田渕六郎、岩松将一、森杉雅史、名古屋大学大学院環境学研究科編
◎2500円

東日本大震災後の持続可能な社会 世界の識者が語る診断から治療まで
林良嗣、安成哲三、神沢博、加藤博和、名古屋大学グローバルCOEプログラム「地球学から基礎・臨床環境学への展開」編
◎2500円

中国都市化の診断と処方 開発・成長のパラダイム転換
林良嗣、黒田由彦、高野雅夫、名古屋大学グローバルCOEプログラム「地球学から基礎・臨床環境学への展開」編
◎3000円

開発調査手法の革命と再生 貧しい人々のリアリティを求め続けて
ロバート・チェンバース著　野田直人監訳
◎3800円

開発の思想と行動 「責任ある豊かさ」のために
ロバート・チェンバース著　野田直人監訳
◎3800円

参加型ワークショップ入門
ロバート・チェンバース著　野田直人監訳
明石ライブラリー 104
◎2800円

参加型開発と国際協力 変わるのはわたしたち
ロバート・チェンバース著　野田直人、白鳥清志監訳
明石ライブラリー 24
◎3800円

第三世界の農村開発 貧困の解決——私たちにできること
ロバート・チェンバース著　穂積智夫、甲斐田万智子監訳
◎3390円

フェアトレードビジネスモデルの新たな展開 SDGs時代に向けて
長坂寿久編著
◎2600円

グローバル環境ガバナンス事典
リチャード・E・ソーニア、リチャード・A・メガンク編　植田和弘、松下和夫監訳
◎18000円

激動のアフリカ農民 農村の変容から見える国際政治
鍋島孝子著
◎4600円

社会調査からみる途上国開発 アジア6カ国の社会変容の実像
稲田十一著
◎2500円

持続可能な生き方をデザインしよう 世界・宇宙・未来を通じて今を生きる意味を考えるESD実践学
高野雅夫編著
◎2600円

グローバル時代の「開発」を考える 世界と関わり、共に生きるための7つのヒント
西あい、湯本浩之編著
◎2300円

多国籍アグリビジネスと農業・食料支配
北原克宣、安藤光義編著
明石ライブラリー 162
◎3000円

新版 グローバル・ガバナンスにおける開発と政治 文化・国家政治・グローバリゼーション
笹岡雄一著
◎3000円

〈価格は本体価格です〉

マイクロファイナンス事典
ベアトリス・アルメンダリズ、マルク・ラビー編
笠原清志監訳 立木勝訳
◎25000円

グローバル・ベーシック・インカム入門
岡野内正著訳 クラウディア・ハーマン、ディルク・ハーマン、ヘルベルト・ヤウフ、シンドンドラ・モティ、ニコリ・ナットラスほか著
世界を変える〈ひとだち〉と「ささえあい」の仕組み
◎2000円

開発なき成長の限界
アマルティア・セン、ジャン・ドレーズ著 湊一樹訳
現代インドの貧困・格差・社会的分断
◎4600円

正義のアイデア
アマルティア・セン著 池本幸生訳
◎3800円

アジア太平洋諸国の災害復興
林勲男編著
人道支援・集落移転・防災と文化
◎4300円

連帯経済とソーシャル・ビジネス
池本幸生、松井範惇編著
貧困削減、富の再分配のためのケイパビリティ・アプローチ
◎2500円

レジリエンスと地域創生
林良嗣、鈴木康弘編著
伝統知とビッグデータから探る国土デザイン
◎4200円

3・11後の持続可能な社会をつくる実践学
山崎憲治、本田敏秋、山崎友子編
被災地・岩手のレジリエントな社会構築の試み
◎2200円

食卓の不都合な真実
ジル=エリック・セラリーニ著 中原毅志訳
健康と環境を破壊する遺伝子組み換え作物、農薬と巨大バイオ企業の闇
◎2400円

貧困克服への挑戦 構想 グラミン日本
菅正広著
グラミン・アメリカの実践から学ぶ先進国型マイクロファイナンス
◎2400円

国際開発援助の変貌と新興国の台頭
エマ・モーズリー著 佐藤眞理子、加藤佳代訳
被援助国から援助国への転換
◎4800円

生物多様性と保護地域の国際関係
高橋進著
対立から共存へ
◎2800円

ファクター5
エルンスト・ウルリッヒ・フォン・ワイツゼッカーほか著 林良嗣監修 吉村皓一訳者代表
エネルギー効率の5倍向上をめざすイノベーションと経済的方策
◎4200円

国連開発計画（UNDP）の歴史
クレイグ・N・マーフィー著 峯陽一、小山田英治監訳
世界歴史叢書 国連は世界の不平等にどう立ち向かってきたか
◎8800円

スモールマート革命
マイケル・シューマン著 毛受敏浩監訳
持続可能な地域経済活性化への挑戦
◎2800円

エコ・デモクラシー
ドミニク・ブール、ケリー・ホワイトサイド著 松尾日出子訳 中原毅志監訳
フクシマ以後、民主主義の再生に向けて
◎2000円

〈価格は本体価格です〉

叢書「排除と包摂」を超える社会理論

〔関西学院大学先端社会研究所〕

本叢書は、「排除」と「包摂」の二元論的思考を超え、「排除型社会」とは異なる社会のあり方・社会理論を構想するものである。

A5判／上製

1 中国雲南省少数民族から見える多元的世界
――国家のはざまを生きる民

荻野昌弘、李永祥 編著　　◎3800円

西欧的知の埒外にある中国雲南省の少数民族に焦点をあて、現地調査により新たな社会理論の構築を提示し、社会学のパラダイム転換をはかる。

執筆者◎村島健司／林梅／西村正男／佐藤哲彦／金明秀

2 在日コリアンの離散と生の諸相
――表象とアイデンティティの間隙を縫って

山泰幸 編著　　◎3800円

在日コリアン、在日済州人を中心とする移動するコリアンに焦点をあて、移動した人々のアイデンティティやみずからの文化の表象のあり方を探る。

執筆者◎金明秀／川端浩平／許南麒／島村恭則／山口覚／李昌益／難波功士

3 南アジア系社会の周辺化された人々
――下からの創発的生活実践

関根康正、鈴木晋介 編著　　◎3800円

インド、ネパール、スリランカなどの南アジア社会および欧米の南アジア系移民社会を対象に、周辺化された人々の生活実践の創発力に注目する。

執筆者◎若松邦弘／栗田知宏／鳥羽美鈴／福内千絵／中川加奈子

〈価格は本体価格です〉

グローバル時代の食と農

ICAS日本語シリーズ監修チーム [シリーズ監修]

A5判／並製

新自由主義的なグローバリゼーションが深化するなかで、私たちの食生活を支える環境も大きな変容を迫られている。世界の食と農をめぐる取り組みにおいて、いま何が行われ、そしてどこへ向かおうとしているのか。国際的な研究者ネットワークICASが新たな視野で展開する入門書シリーズの日本語版。

① **持続可能な暮らしと農村開発** アプローチの展開と新たな挑戦
イアン・スクーンズ 著　西川芳昭 監訳　西川小百合 訳　　　　◎2400円

② **国境を越える農民運動** 世界を変える草の根のダイナミクス
マーク・エデルマン、サトゥルニーノ・ボラス・Jr. 著
舩田クラーセンさやか 監訳　岡田ロマンアルカラ佳奈 訳　　　◎2400円

③ **フードレジームと農業問題** 歴史と構造を捉える視点
フィリップ・マクマイケル 著　久野秀二 監訳　平賀緑 訳

④ **アグロエコロジー入門** その理論、実践と政治
ミゲル・アルティエリ、ピーター・ロセット 著　受田宏之、受田千穂 訳

⑤ **農をめぐる変容、移動と発展**
ラウル・デルガード・ワイズ、ヘンリー・ヴェルトマイヤー 著　三澤健宏 訳

⑥ **小農経済から農と食を展望する** 労働と生命の再生産
ヤンダウェ・ファン・デル・プルフ 著　池上甲一 ほか 訳

⑦ **投機化する収穫** 金融資本による農と食の支配にどう立ち向かうか
ジェニファー・クラップ、S. ライアン・イサクソン 著　久野秀二 監訳　平賀緑 訳

⑧ **農業を変える階級ダイナミクス** 資本主義的変化と対抗運動
ヘンリー・バーンスタイン 著　池上甲一 訳

⑨ **フードレジームのエコロジカルな側面**
ハリエット・フリードマン 著　舩田クラーセンさやか、小林舞 訳

〈価格は本体価格です〉